DER DIY GARTEN

Kreative Gartenprojekte & Deko-Ideen zum Selbermachen

WAS SIE IN DIESEM BUCH ENTDECKEN KÖNNEN

AKTIV MIT DIY-GARTENPROJEKTEN – FÜR EINEN INDIVIDUELLEN UND TRAUMHAFTEN GARTEN

Schaffen Sie sich Ihre eigene Wohlfühloase im Garten: Mit dem DIY-Garten geben wir Ihnen viele Tipps und Anleitungen für Ihre kreativen Do-it-yourself-Gartenprojekte. So kreieren Sie einen individuellen und schönen Garten, Terrasse und Balkon. Wir haben uns für jeden Hobbygärtner etwas einfallen lassen und extra Projekte gewählt, die Sie auch mit der ganzen Familie umsetzen können. Jeder kann eine Kleinigkeit dazu beitragen – auch wenn der- oder diejenige nur die Farben bestimmt oder das Muster vorgibt. Unserer Erfahrung nach weiß das die Oma meistens am besten.

Mit unseren Anleitungen gelingen Ihnen die schönsten Projekte. Gestalten und bauen Sie sehr nützliche Dinge für Ihren Garten, die Terrasse oder Ihren Balkon. Platz ist auf der kleinsten Fläche und wir haben darauf geachtet, dass jede Altersgruppe und sowohl Anfänger als auch erfahrene Heimwerker neue Projekte finden können. Es soll ein Gartenbuch sein, das Menschen dazu inspiriert, wieder mehr Dinge selber zu bauen und selbst zu entwerfen. Nicht nur zum Zeitvertreib, sondern weil es Freude macht und wir alle das Selbermachen so langsam, aber sicher komplett verlernen. Die sogenannten ‚Palettenbeete' zum Beispiel gelingen jedem Hobbygärtner auf Anhieb und in kürzester Zeit, sodass Sie Ihre neuen Hochbeete wenige Stunden später bereits bepflanzen können. Und das sogar auch – in abgewandelter Form – auf einem Balkon oder einer Terrasse.

Gleichzeitig sind wir selbst gern möglichst unabhängige Selbstversorger, die Gemüse und Obst in der jeweiligen Saison essen – und so haben wir einige Dinge aus der ‚guten alten Zeit' wieder aufleben lassen. Dazu gehören beispielsweise der Erdkeller für das im eigenen Garten angebaute und selbst geerntete Gemüse. Unsere Kartoffelpyramide wird oft belächelt, weil manche ein ganzes Kartoffelbeet im Garten haben – aber unsere Pyramide kann genauso viele Kartoffeln hervorbringen und das auf wesentlich weniger Platz. Ans Herz legen möchten wir Ihnen auch die selbst gebaute Kompostkiste aus Holz, die wir wesentlich schöner finden als die schwarzen Kisten aus Kunststoff, die sich immer verschieben oder auseinanderfallen. Unsere Kompostkiste wurde mit viel Herzblut ausgemessen, zurecht gesägt und war erstaunlich schnell fertig. Nun ist sie ein hübscher Anblick. Wer mag, kann sie übrigens mit Wetterschutzfarbe bunt anstreichen.

Bei der handwerklichen Umsetzung haben wir uns auf Werkzeuge beschränkt, die die meisten Menschen bereits im Haushalt haben. Sie müssen keine neuen Werkzeuge anschaffen, um unsere Anleitungen nachbauen zu können. Zudem können Sie für viele Projekte Materialien aus Ihrem Garten nutzen, was die Gartenabfälle reduziert und oft auch hübscher aussieht. Etwas Zeit sollten Sie für einige Dinge schon einplanen – aber Rom wurde auch nicht an einem Tag erbaut, nicht wahr? Das Wichtigste bei solchen Projekten ist die Freude am Selbermachen und am gemeinsamen Tun. Seien Sie nicht zu selbstkritisch mit Ihren Ergebnissen. Manchmal ist krumm und schief auch chic und chic ist modern – oder wie war das?

Wir wünschen viel Erfolg beim Nachbauen und vor allem ganz viel Spaß!

MATERIALBESCHAFFUNG

- Sie finden viele Dinge in Ihrem eigenen Garten. Nutzen Sie statt gekaufter Bambus- oder Kunststoffstäbe die abgeschnittenen Zweige und Äste aus Ihren Bäumen und Sträuchern.

- Ansonsten finden Sie Werkzeuge und Bauholz natürlich in Baumärkten, das Werkzeug teilweise auch in Raiffeisen- oder Gartenmärkten. Diese sind aber nicht immer geöffnet, gerade zur Zeit.

- Deshalb suchen Sie Werkzeug und Bauholz auch im Internet, aber vergleichen Sie die Preise. Der große amerikanische Onlinehändler ist nicht immer der günstigste Einkaufsort. Auch beim Otto-Versand finden Sie Werkzeuge und Maschinen, ebenso wie auf eBay. Um besonders günstige Angebote zu finden, probieren Sie es doch zuerst einmal auf Floh- und Gebrauchtmarktbörsen wie eBay-Kleinanzeigen oder Quoka. Aber auch vor Ort im Supermarkt und in den kostenlosen Anzeigenblättchen finden sich brauchbare Dinge, die man sich vorher auch noch anschauen kann, wenn sie in der Nähe sind.

- Der beste Tipp für die Werkzeug- und Materialbeschaffung ist allerdings, sich mit Nachbarn und Freunden auszutauschen. Wenn die Anschaffung der Gartengeräte oder einzelner Werkzeuge sehr teuer ist, helfen Ihnen die Menschen, die Sie kennen, oft gern aus. Ebenso, wenn Sie eine Arbeit nicht alleine hinbekommen oder anderweitig Hilfe benötigen. Wenn Sie weitere Garten- und Handwerksbegeisterte Menschen in Ihrer Umgebung haben, warum teilen Sie sich nicht ihr Werkzeug oder teure Gartengeräte?

  Tauschen Sie auch Ableger von Pflanzen aus, statt diese neu zu kaufen. Bieten Sie im Gegenzug Ihre Hilfe an, denn genau dieses gegenseitige Miteinander schweißt uns Menschen zusammen.

Fazit zur Materialbeschaffung: Sie werden vermutlich – wie wir – zum Sammler von Materialien, die man irgendwann irgendwie noch nutzen kann. Diesen Dingen sollten Sie in Ihrem Schuppen eine freie Stelle einräumen. Hilfreich ist ein eingezogener Hängeboden, auf dem Sie alles unter der Decke lagern. Das hält den Fußboden und die Wände des Schuppens frei für andere Dinge.

Woher haben die Leute immer ihre Paletten?

Die klassische Europalette lässt sich für viele Dinge nutzen. Leider bekommen Sie sie nur für mindestens 30 Euro, denn das ist ihr Pfandwert im Handel. Da sie regelmäßig ausgetauscht wird und mehrfach genutzt wird, bis sie instabil geworden ist, sollten Sie versuchen, Ihre Paletten lieber online zu erwerben. Über Suchplattformen finden Sie alle Paletten in diversen Größen (und Farben). Die Maße der Europalette sind genormt auf 120 x 80 x 14 cm (Länge, Breite, Höhe).

Bei einigen großen Baumarktketten erhalten Sie diese teilweise direkt aus dem Lager für unter 20 Euro. Auch auf Flohmarktportalen wie www.kleinanzeigen.ebay.de und www.quoka.de werden Sie oft fündig. Oder vielleicht habe Sie gute Freunde, die jemanden kennen, der alte Paletten günstiger abgeben würde. Fragen kostet nichts.

WERKZEUGE & AUSRÜSTUNG

DIE WICHTIGSTEN WERKZEUGE

In den hier vorgestellten Do-it-yourself-Projekten verwenden wir Werkzeuge, die Sie vermutlich im Haus haben. Dazu gehören:

- Hammer (es ist immer gut verschiedene Hammergrößen und -arten zu haben),
- Zangen (falls die Nägel sich nur schief einschlagen lassen wollen),
- Sägen (für Holz und Metall),
- Bohrmaschine oder Bohrschrauber (Akku-Geräte machen die Arbeit einfacher),
- Schraubendreher (auch Schraubenzieher genannt),
- viel Schleifpapier oder ein elektrisches Handschleifgerät,
- und natürlich jede Menge Schrauben und Nägel,
- in der Regel Holzbohrer für die Bohrmaschine, da die meisten Projekte mit Holz gebaut werden.

Denken Sie daran, dass Sie sich elektrische Geräte immer auch ausleihen können. Oftmals bieten die Baumärkte auch den Verleih von Geräten an - und Ihr Lieblingsnachbar kann Ihnen vielleicht auch gelegentlich aushelfen.

NOTWENDIGE GARTENWERKZEUGE UND AUSRÜSTUNG

Zu den wichtigsten Gartengeräten – und damit zu Ihrer Grundausstattung – gehören:

- ein Spaten,
- ein Gabelspaten (auch Spatengabel genannt),
- eine Gartenschaufel mit Stiel (wählen Sie jene mit einer leicht spitz zulaufenden Schaufelfläche),
- ein Sauzahn (wenn Sie viel Umgraben vermeiden möchten),
- eine Harke (oder Rechen),
- eine Gartenkralle,

- eine Gartenhacke mit Breitblatt auf der einen und zwei Zinken auf der anderen Seite,
- eine Handsäge,
- eine große Astsäge,
- eine Ast- oder Baumschere mit Amboss- oder Bypass-Schneiden,
- eventuell eine Axt zum Holzhacken,
- ein Laubrechen,
- eventuell eine Vertikutierharke,
- ein Straßenbesen,
- ein Schneeschieber,
- eine Heckenschere,
- eine gute, stabile Rohrzange – wichtig für die Gartenpumpe.

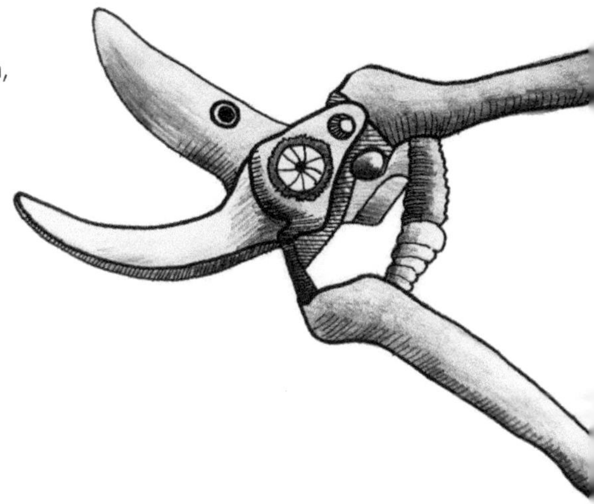

Hilfreich sind auch die sogenannten Handgeräte, wenn Sie Blumentöpfe befüllen oder in Hochbeeten und Pflanzkästen hacken und jäten möchten. Sie erhalten meistens Schaufel, Gartenharke, Gartenschere, Pflanzstecher und Pflanzkelle in einem Set. Achten Sie auf Angebote im Einzelhandel, insbesondere bei den Discountern!

ZU DEN WICHTIGSTEN MOTORBETRIEBENEN GERÄTEN GEHÖREN:

- der Rasenmäher,
- eventuell eine Kettensäge,
- eine Gartenpumpe für das Brunnenwasser oder Wasser aus dem Teich zu pumpen,
- bei vielen Heckenpflanzen eine elektrische Heckenschere,
- ein (meist 25 m) langes Gartenkabel, welches für Gartenarbeiten zugelassen ist.

SICHERHEITSHINWEIS

1. SCHÜTZEN SIE IHRE HÄNDE
Tragen Sie bei allen Arbeiten unbedingt Arbeits- oder Gartenhandschuhe aus Leder. Diese schützen Ihre Hände besser als Gartenhandschuhe aus Gummi oder sonstige Handschuhe.

2. SICHERHEIT FÜR IHRE FÜSSE
Tragen Sie bei allen Sägearbeiten nicht nur die Handschuhe, sondern auch Sicherheitsschuhe oder Gummistiefel mit verstärkter Kappe und möglichst eine entsprechende Arbeitshose, deren Stoff vorn verstärkt ist. Sicherheit geht vor. Wir möchten Ihnen hier nicht auflisten, welche lebensgefährlichen Verletzungen alle möglich sind. Sobald Ihnen die erste Europalette versehentlich aus der Hand gerutscht und auf den Fuß gefallen ist, kennen Sie den Grund für unsere Hinweise.

3. Für Schleifarbeiten – egal an welchem Material – raten wir zu einer normalen **SCHUTZBRILLE**. Diese kostet deutlich unter 5 Euro und ist in Baumärkten oder online erhältlich.

4. Falls Sie viele Arbeiten erledigen, bei denen Funkenschlag entsteht – oder gern den Grill beziehungsweise unser Lagerfeuer anzünden – sollten Sie sich eine **KISTE MIT SAND** zum Löschen zulegen. Dieser Sand kann im Winter notfalls auch als Streusand verwendet werden.

5. Auch **REGENTONNEN**, die das Wasser auffangen, sind empfehlenswert. Damit können Sie nicht nur löschen, sondern auch schnell die Kübelpflanzen mit Wasser begießen, ohne gleich die Gartenpumpe anstellen zu müssen.

6. Schützen Sie Ihre Knie beim Jäten oder Arbeiten am Hofpflaster. Dafür eignen sich im Handel erhältliche Kissen aus Styropor zum Hinknien oder spezielle **GARTEN-KNIESCHÜTZER**, die Sie sich einfach umschnallen können.

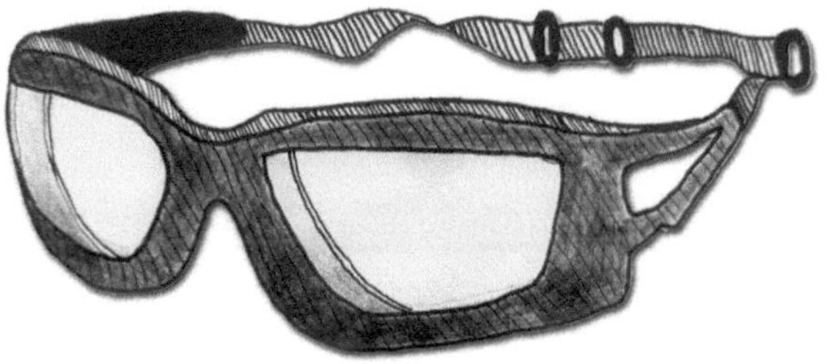

7. Achten Sie bitte immer auch auf Ihre Haut und cremen Sie sich gründlich mit **SONNENSCHUTZMITTEL** ein, wenn Sie im Garten arbeiten wollen. Empfehlenswert ist auch die Benutzung eines **MÜCKEN- UND ZECKENABWEHRSPRAYS.**

8. Sorgen Sie bei **ARBEITEN AUF EINER LEITER** dafür, dass eine zweite Person die Leiter festhält oder wenigstens in der Nähe ist. Wer nicht gern auf Leitern steigt, dem empfehlen wir die Teleskopstangen, mit deren Hilfe Sie beispielsweise einen hohen Ast absägen können. Sie stecken einfach Ihre Handsäge auf die Stange und sägen auf dem Boden stehend. Treten Sie schnell zur Seite, bevor der Ast fällt!

9. **ARBEITEN AN SCHWEREN GERÄTEN:** Bevor Sie eine Kettensäge benutzen, sollten Sie im Baumarkt ein Training absolviert haben. Das dauert 1-2 Stunden und Sie erhalten anschließend die Bestätigung, eine Einweisung in die Handhabung von Kettensägen inklusive Übungen erhalten zu haben.

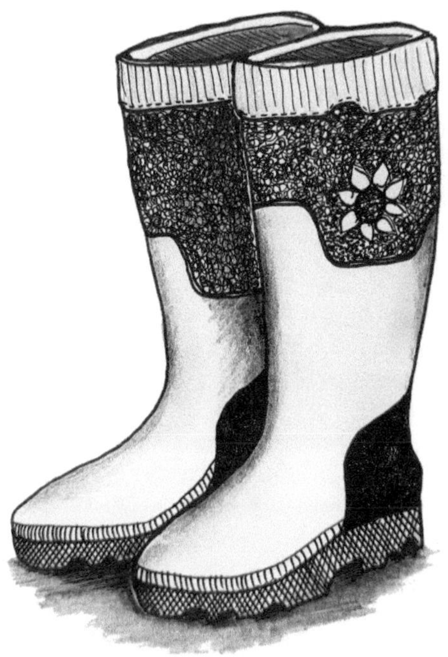

Rosmarin
Lavendel
Salbei
Oregano
Zwiebel
Schnitt-
lauch
Petersilie
Kapuziner-
kresse
Thymian
Essblumen

RUND UMS BEET

SCHAFFEN SIE EIN ZUHAUSE FÜR IHRE PFLANZEN UND GEBEN SIE IHNEN WAS SIE WIRKLICH BRAUCHEN

ALLES PALETTI – NEUES AUS ALTEN PALETTEN

HOLZPALETTEN IM GARTEN NUTZEN

Der Wunsch nach Selbstversorgung ist uns Menschen wohl angeboren. Jeder mag frisches, knackiges Gemüse, das direkt aus dem eigenen Gemüsebeet kommt. Mit nur einer Holzpalette können Sie selbst dann Tomaten, Pflücksalat und Radieschen ernten, wenn Sie nur eine Terrasse oder einen Balkon zur Verfügung haben. Sie werden es so sehr lieben, dass Sie vermutlich mehrere unserer Ideen umsetzen. Diese Paletten-Projekte sind auch für Laien geeignet, die sonst nicht heimwerken.

VORARBEITEN

Sobald Sie einige Paletten für Ihre Gartenprojekte haben, sollten Sie diese zunächst alle gründlich mit einem elektrischen Handschleifer abschleifen. Wer diesen nicht zur Verfügung hat, kann das Schleifen auch mit dem guten alten Schmirgelpapier erledigen. Wickeln Sie es um einen sogenannten Schleifklotz. Diese gibt es im Handel aus Kork oder Holz. Sie können sich auch ein altes Holzstück nehmen. Passt das Schmirgelpapier nicht ganz herum, halten sie es an den Kanten mit der schmirgelnden Hand fest.

Das Schmirgeln verbessert nicht nur die Optik der Palette, sondern erleichtert auch alle weitere Arbeiten mit ihr, wie beispielsweise das Streichen des Holzes oder das spätere Bepflanzen. Ist die Palette gebraucht und das Holz grau, müssen Sie sie vorstreichen, bevor Sie den eigentlichen Holzschutz auftragen. Andernfalls wird die Farbe schnell abblättern - und Sie haben später keine Chance, dies auszubessern.

Fegen Sie das abgeschliffene Holz gründlich ab. Sollte das Holz aus irgendwelchen Gründen noch feucht sein, muss es vor dem Streichen trocknen. Sobald alles trocken ist, streichen Sie die Palette gründlich von allen Seiten ein. Nur so ist das Holz vor Regen und Verwitterung geschützt. Wer mehrere Projekte mit Paletten umsetzen möchte, sollte diese Vorarbeiten gleich bei allen Paletten erledigen. Nun gehts los: Sie werden zum Heimwerker.

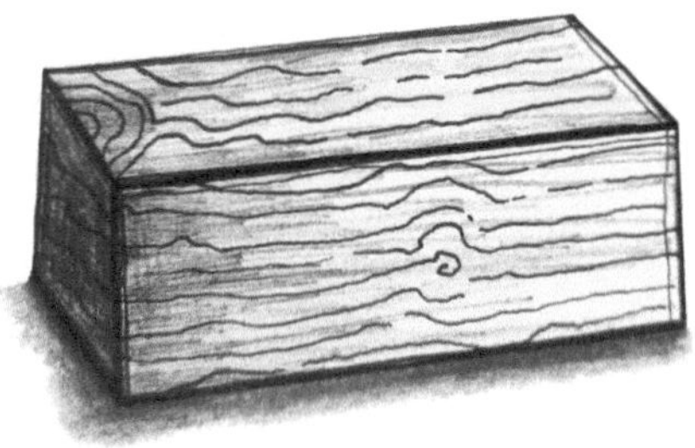

HOLZ
CHUTZ

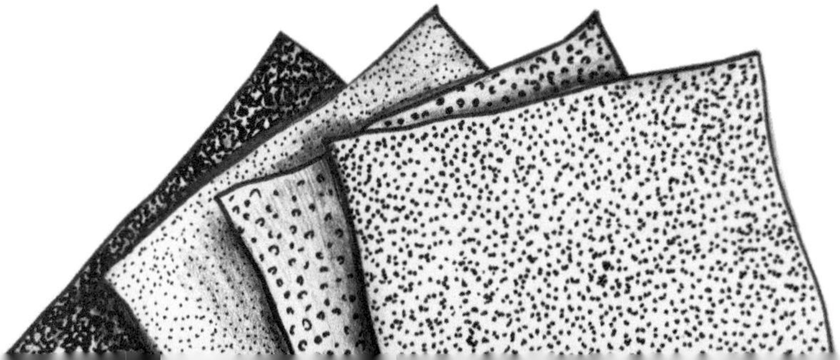

Palettenbeet als klassisches Hochbeet im Garten

Für die Europalette gibt es ebenso genormte Rahmen, die sich mithilfe entsprechender Scharniere fest auf die Palette setzen lassen. Außerdem sind die Rahmen aufeinander stapelbar. Auf diese Weise können Sie in kürzester Zeit ein Hochbeet ganz nach Ihren Bedürfnissen bauen. Der einzige Nachteil besteht darin, dass die Beetfläche auf die Außenmaße der Europalette (120 x 80 cm) begrenzt ist. Die Vorteile sind jedoch vielfältig: Dieses Hochbeet ist schnell aufgebaut und bepflanzt, es lässt sich ebenso schnell wieder abbauen, falls Sie umziehen oder Sie die Palette an einen anderen Ort stellen möchten und sie müssen es nicht zwingend in diversen Schichten befüllen. Zudem ist es kostengünstig und ließe sich sogar mit einem Hubwagen umplatzieren.

MATERIALLISTE

- Eine Europalette
- 1-5 Palettenrahmen, je nach Bedarf
- Unterbodengewebe
- Wühlmausgitter
- Gartenschere
- Tacker und/oder Hammer & Nägel
- Gute Pflanz-, Gemüse- oder Komposterde
- Eventuell alte Zweige (die nicht mehr ausschlagen)

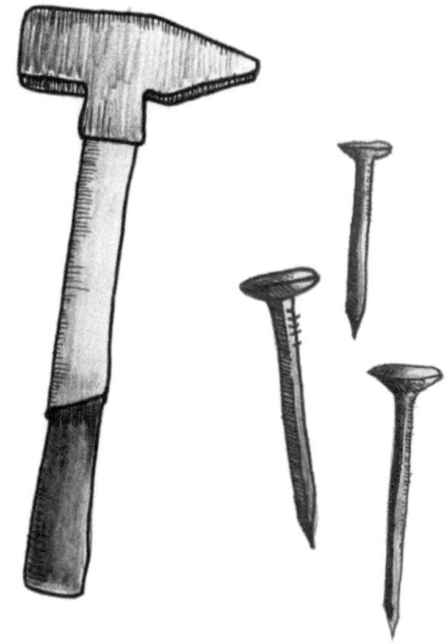

Tipp *Für ein Gemüsebeet eignet sich selbst vorgezogenes Gemüse (auch im Handel oder im Frühjahr auf Wochenmärkten erhältlich) und Saatkörner.*

Wenn Sie das Paletten-Hochbeet als Blumen- oder Staudenbeet nutzen möchten, sollten Sie bedenken, dass jede Pflanze genügend Platz braucht. Die Wurzelballen sollten ausreichend Abstand zueinander haben und ebenso die überirdischen Pflanzenteile, damit sich jede Pflanze gut entwickeln kann. Planen Sie zunächst lieber mit weniger Pflanzen. Es ist immer einfacher, Pflanzen hinzuzupflanzen als für die, die zu viel sind, einen neuen Platz zu finden. Suchen Sie sich einen geeigneten Platz für Ihr Hochbeet. Achten Sie dabei auf die Bedürfnisse des Gemüses beziehungsweise der Stauden, die Sie in das Paletten-Hochbeet pflanzen möchten. Jede Pflanze hat unterschiedliche Ansprüche bezüglich ihres Platz- und Wasserbedarfs sowie an das Licht und die Bodenbeschaffenheit.

Sobald Sie den geeigneten Standort für das Paletten-Hochbeet gefunden haben, legen Sie Ihre Europalette auf diese Stelle. Zum Schutz für das Holz der Palette wäre ein gepflasterter Ort gut. Alternativ können Sie beispielsweise einige Ziegelsteine unter die Palette legen – oder sie auch einfach auf einem Stück Rasen am Rande des Gartens platzieren.

Packen Sie den ersten Palettenrahmen aus, stecken Sie die Teile dieses ersten Rahmens zusammen und dann direkt auf die Palette. Das ist schnell geschafft. Lassen Sie die anderen Teile noch liegen, denn mit einem Rahmen sind die weiteren Vorbereitungen einfacher. Zudem haben Sie für den Einsatz des Wühlmausgitters und Unterbodengewebes zwei Möglichkeiten zur Auswahl.

a) Sie verfahren wie beschrieben und kleiden im nächsten Arbeitsschritt die Palette mit dem Wühlmausgitter von innen aus. Dabei biegen Sie das Gitter an den Rändern innen etwas hoch und befestigen es an dem Rahmen. Auf diese Weise verhindern Sie, dass sich Mäuse und andere Tiere durch den Spalt zwischen Palette und Rahmen knabbern können. Mit dem Gewebe verfahren Sie ebenso, sodass das Gitter verdeckt wird. Das schützt vor allem Ihre Hände beim Umgraben und Einpflanzen. Sie können beides auch außen am Rahmen befestigen, doch das birgt Verletzungsgefahren durch das Wühlmausgitter, sobald Sie sich zum Arbeiten dicht vor das Beet stellen.

b) Sie stecken den fertigen Rahmen nicht gleich auf die Palette, sondern tackern oder nageln zunächst das Wühlmausgitter direkt auf der Palette fest. Das Unterbodengewebe befestigen Sie direkt darüber und setzen erst anschließend den Rahmen auf die Palette. Damit bleiben Rahmen und Palette unabhängig voneinander und sind gegebenenfalls einfacher wieder auseinanderzubauen.

Sobald Wühlmausgitter und Unterboden befestigt sind, können Sie weitere Rahmen aufstecken, bis die vo Ihnen gewünschte Höhe erreicht ist. Wir empfehlen, zunächst mit zwei Rahmen zu beginnen, denn auch hier ist das Ergänzen einfacher als ein eventueller Rückbau. Sobald das Paletten-Hochbeet steht, können Sie mit dem Befüllen beginnen. Bei einer Höhe von zwei bis drei Palettenrahmen lohnt sich die bei Hochbeeten übliche Unterschicht aus Gehölzen und Grasschnitt noch nicht. Hier können Sie Komposterde, gute Pflanzenerde oder frischen Mutterboden direkt einfüllen. Ab vier bis fünf Rahmen lohnt es sich allerdings diese unterste Schicht anzulegen.

Unterschätzen Sie die Größe des Paletten-Hochbeets nicht. Um ein Palettenbeet mit nur zwei Rahmen gut zu füllen, brauchen Sie gut 200 Liter Erde.

Ob Sie es bis zum Rand mit Erde füllen oder nicht ganz so hoch, sodass der Rahmen die niedrigeren Pflazenteile vor Wind schützt, bleibt Ihnen überlassen.

Abschließend können Sie Ihr neues Paletten-Hochbeet direkt bepflanzen oder Ihre Samen aussäen und mit einem Sprühkopf oder der Gießkanne bewässern. Natürlich wird die Erde in den folgenden Tagen etwas absinken und auch bei stärkeren Regenfällen teils aus den Rändern austreten. Um diesen Erdverlust auszugleichen, sollten Sie sich einen großen Vorrat an Blumenerde zulegen.

3. Das Wühlmausgitter befestigen, danach das Unterbodengewebe darüber anbringen.

2. Den ersten Palettenrahmen auf die Palette stecken.

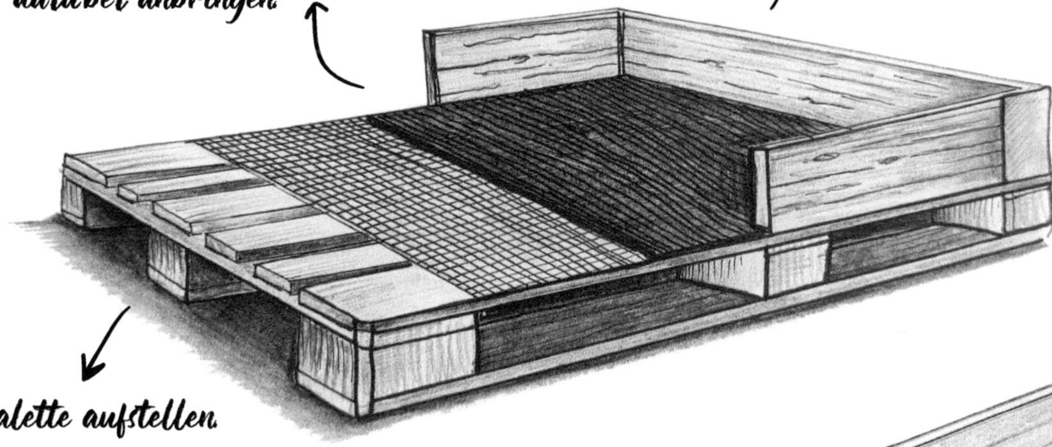

1. Palette aufstellen.

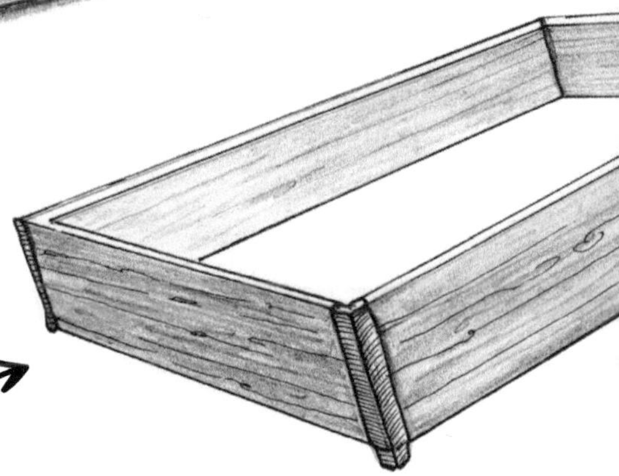

4. Je nach gewünschter Höhe weitere Palettenrahmen aufstecken.

5. Das Hochbeet nun mit Erde befüllen & bepflanzen.

Palettenbeet zu einem Frühbeet umbauen

Es lohnt sich immer, Pflanzen im Frühbeet vorzuziehen, um sie später in den Garten oder ins Hochbeet zu setzen. Der Vorteil ist, dass ein Frühbeet bereits ab Januar/Februar zum Einsatz kommen kann. Möhren haben eine Kulturdauer von ungefähr drei Monaten. Das bedeutet, Sie könnten bereits im Mai die ersten frischen Möhren aus dem Garten/Frühbeet ernten. Im Freiland können Sie die Möhren erst ab April/Mai aussäen. Die Ernte wäre dann im Juli/August. Ein Frühbeet verschafft Ihnen also eine verlängerte Erntezeit und damit eine größere Ernte. Mit einem Palettenbeet ist es ganz einfach, ein Frühbeet schnell selbst zu bauen.

MATERIALLISTE

- Siehe Materialliste Klassisches Hochbeet

Zusätzlich:

- Lange, biegsame Zweige der Weide oder Haselnuss (Blätter entfernen)
- Reichlich Frühbeetfolie (die Löcher hat)
- Samen für die gewünschten Pflanzen
- Bast oder Bindfaden
- Kleine schwere Steine

Sie bauen das Palettenbeet auf wie das Paletten-Hochbeet (siehe oben). Anschließend biegen Sie die langen Stecken/Zweige wie einen Tunnel in einer Reihe hintereinander über das Beet und stecken sie bis auf den Boden der Palette in die Erde. Darüber spannen Sie die Frühbeetfolie und fixieren diese mit den kleinen schweren Steinen oder Sie stechen die Enden der Zweige durch die Folie. Das hält in der Regel auch.

Sollten Sie nicht viele Zweige haben, reichen im Zweifelsfall auch genau vier gleich lange Stecken.

Diese biegen Sie paarweise über Kreuz zu einem ‚Gewölbe' und fixieren den Kreuzpunkt mit etwas Bindfaden, Bast oder Binsen. Es sollten zwei dieser ‚Gewölbe' in das Palettenbeet passen. Über jedes dieser ‚Gewölbe' spannen Sie abschließend die Frühbeetfolie und fixieren diese ebenfalls. Auf diese Weise können Sie auf zwei kleinere Arbeitsbereiche zugreifen, wenn Sie die Pflänzchen verziehen; Sie müssen nicht immer das gesamte Frühbeet abdecken, um zu jäten oder neu auszusäen.

Palette als schmales Hochbeet auf der Terrasse oder dem Balkon

Wer über eine Terrasse oder einen Balkon verfügt, kann sich mit einer Europalette zusätzliche Pflanzmöglichkeiten auf kleinstem Raum schaffen. Jede Europalette bietet auf der Unterseite die Zwischenräume zwischen den drei Bodenbrettern und der Ladefläche Raum für Pflanzkästen an. Damit Sie nicht permanent an die alte Palette erinnert werden, sollten Sie die oben genannten Vorarbeiten durchführen und Ihre Palette in Ihren Lieblingsfarben anstreichen. Ihrer Fantasie sind hier keine Grenzen gesetzt. Vielleicht streichen Sie die Palette hellgrün an und malen bunte Blumen darauf, damit verstärken Sie den grünen Gesamteindruck. Minimalisten und Liebhaber des Industriedesigns greifen vielleicht lieber zu schwarzer Farbe, wodurch die einzelnen grünen Kräuter und Blumen besser zur Geltung kommen – allerdings zieht Schwarz stets die Wärme an, die den Pflanzen schaden kann.

MATERIALLISTE

- Handschleifmaschine bzw. Schmirgelpapier
- Eine Europalette
- Holzschutz oder Wetterfarbe und Pinsel
- Drei 120 cm lange und circa 12 cm breite alte oder neue Bretter*
- Akkuschrauber
- Circa 3–5 cm lange Schrauben
- Unterbodengewebe (Menge vorher berechnen)
- Tacker oder Hammer und Breitkopfnägel
- Gute Pflanz- oder Komposterde
- Eine Handschaufel
- Eine kleine Gießkanne mit Wasser
- Die Pflanzen, die Sie einsetzen möchten

VORBEREITUNGEN

Zunächst sollten Sie die drei Bretter ebenso vorbehandeln wie die Paletten: Also abschleifen und mit Holzschutz behandeln. Sie werden den Boden der Pflanzkästen bilden und am ehesten mit feuchter Blumenerde oder Gießwasser in Berührung kommen.

DER UMBAU

Für den Umbau der Palette zu einem schmalen Hochbeet stellen Sie die Europalette auf eine ihrer Längsseiten mit der Unterseite nach vorn. In dieser Stellung schließen Sie von einer Seite die Zwischenräume zwischen den drei längs verlaufenden Bodenbrettern und der Oberseite der Palette, indem Sie an allen drei Zwischenräumen jeweils ein Brett anschrauben. Welches die Unterseite sein soll, entscheiden Sie selbst. Zur Montage der Bretter sollte die gewählte Unterseite oben sein.

Standfüße: An der Kante, die später die Standseite sein soll, schrauben Sie drei gleich große schmale Bretter im rechten Winkel zur Palette an die drei Zwischenblöcke. Diese Bretter sollten alle gleichmäßig zu beiden Seiten der Palette etwas überstehen, damit Ihr Hochbeet später nicht bei jedem Windstoß umfällt und stets senkrecht steht.

Tipp

* *Messen Sie die exakte breite der Bretter bitte an Ihrer Palette aus, damit es zu keiner bösen Überraschung kommt*

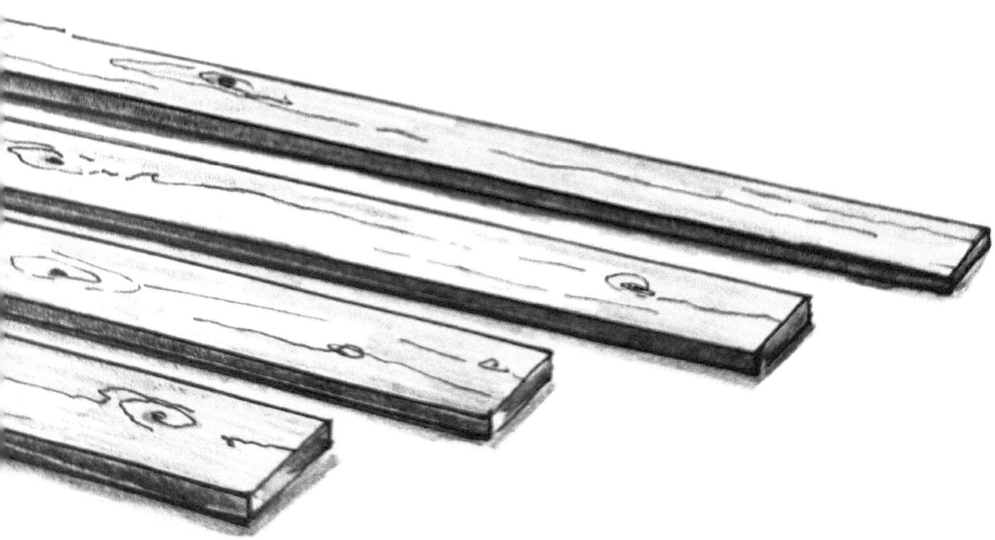

1. Die gewählte Unterseite der Palette sollte zur Montage der Bretter oben sein.

2. Schrauben Sie an alle 3 Zwischenräume ein Brett.

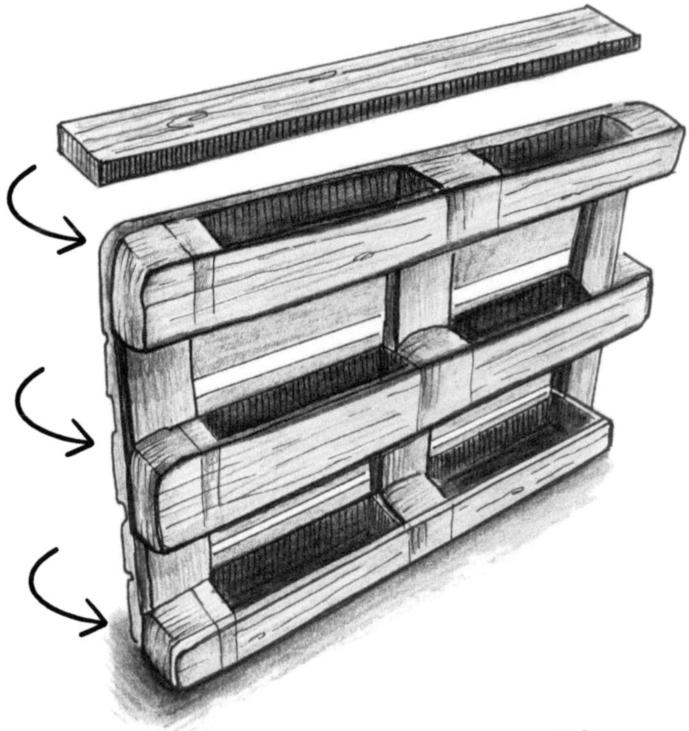

3. Schrauben Sie drei gleich große schmale Bretter im rechten Winkel zur Palette an die drei Zwischenblöcke.

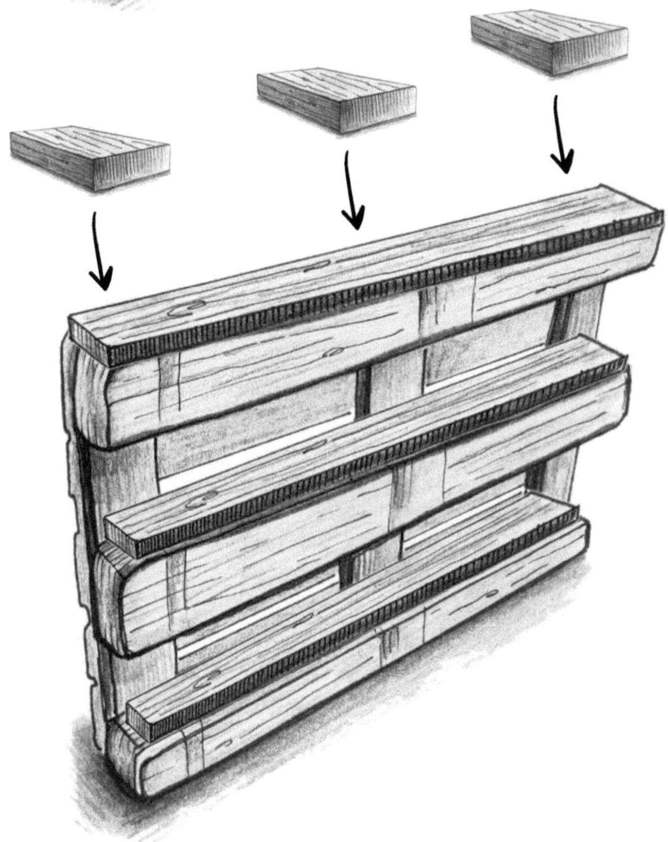

4. Die Palette drehen und nun die Kästen mit der Teichfolie auskleiden.

5. Befüllen Sie die Kästen nun mit einer Drainageschicht aus kleinen Kieselsteinen oder Blähton.

Tipp

Bitte bedenken Sie, dass sowohl Teichfolie als auch die herkömmliche Gewebeplane wasser- und luftundurchlässig sind. Das bedeutet, dass bei Regen auch mit Drainage Staunässe in den Kästen entsteht, die zu Wurzelfäule führen kann. Besser eignet sich deshalb das sogenannte Unterbodengewebe zum Auskleiden von Pflanzkästen. So kann überschüssiges Wasser langsam entweichen und die Wurzeln der Pflanzen bekommen auch von unten etwas Luft.

6. Das Kräuterbeet kann nun mit Erde befüllt & bepflanzt werden.

Tipp

Die Pflanzerde sollte – wie bei allen Blumenkästen – regelmäßig saisonal ausgetauscht werden.

Anschließend drehen Sie die Palette um, sodass Sie die jetzt vorhandenen Pflanzkästen bearbeiten können. Dafür schneiden Sie die Teichfolie oder Plane zurecht, um die Kästen auszukleiden. Schneiden Sie großzügig, denn die Folie sollte leicht über die Kante reichen und dort befestigt werden. Die überhängenden Pflanzenzweige und Blätter verdecken den Folienrand später.

Nun befüllen Sie die sechs Kästen mit einer Drainageschicht aus kleinen Kieselsteinen oder Blähton. In dieser kann sich überschüssiges Gießwasser sammeln, sodass die Wurzeln nicht verfaulen. Die Pflanzen holen sich das Wasser, wenn sie es benötigen. Befüllen Sie anschließend die Kästen bis zum Rand mit guter Pflanz- oder Komposterde und setzen Sie anschließend die Pflanzen mit mindestens 5 cm Abstand zueinander ein. Für eine Aussaat ziehen Sie mit einem Finger oder dem Stiel eines Teelöffels mehrere Reihen längs zum Kasten und geben die Saatkörner einzeln in die Vertiefung. Zum Schluss drücken Sie etwas Erde leicht auf den Reihen an, um die Saat abzudecken und gießen mit etwas Wasser. Aber Achtung: Lesen Sie Angaben auf den Saat-Tüten gut durch, denn manche Pflanzen sind sogenannte ‚Lichtkeimer'. Sie dürfen nicht oder nur ganz leicht abgedeckt werden.

ANREGUNGEN FÜR DIE BEPFLANZUNG IHRES PALETTEN-HOCHBEETS

Da die Kästen schmal sind, sollten Sie junge Pflanzen einsetzen, deren Wurzelballen noch nicht komplett ausgewachsen ist. Die größten Pflanzen sollten Sie ins unterste Fach setzen, um für mehr Stabilität zu sorgen. Diese Art des Hochbeets eignet sich besonders gut für einen kleinen Kräuter- und Küchengarten.
Hier können Sie Rosmarin, Pflücksalat, Petersilie, Radieschen, Schnittlauch und Kresse, Majoran, Thymian und Basilikum den ganzen Sommer über frisch ernten. Kapuzinerkresse, die auch essbar ist, bringt etwas mehr Farbe ins Spiel, wenn Sie sie in die Zwischenräume setzen. Zudem wird sie bald über die Ränder ranken, sodass von der Folie nichts mehr zu sehen ist. Wer kein Kräuterbeet benötigt, kann hier auf drei Ebenen die Zwiebeln der Frühjahrsblüher und Petunien, Begonien oder andere Hängepflanzen einsetzen.

Für eine bienenfreundliche Bepflanzung eignen sich beispielsweise Zauberglöckchen, gelbe Bidens oder Salvien (Feuersalbei). Diese vertragen sich gut und sehen dicht an dicht gepflanzt, zauberhaft aus.

WEITERE IDEEN, WIE SIE PALETTEN IM GARTEN NUTZEN KÖNNEN

Die Palettenrahmen können Sie auch ohne Palette direkt im Gartenbeet nutzen. Sie bilden einen hübschen Rahmen, der jederzeit versetzt werden kann und erschweren Schnecken und anderen Nagern den Zugriff. Zudem können Sie den Rahmen mit einem Netz oder Vlies sehr gut schützend abdecken. Aus den Europaletten lassen sich gerade für den Garten viele weitere Dinge bauen. Hier einige Vorschläge zur Inspiration:

- Sichtschutz für den Sitzplatz, der bepflanzt werden kann,
- Lounge-Möbel für die Terrasse,
- Trennwand zwischen verschiedenen Gartenbereichen.

KREATIVE KLEIN- & KRÄUTERBEETE

KREATIVE KRÄUTERBEETE

Wie Sie eine Europalette zu einem kleinen Kräutergarten umfunktionieren können, haben wir Ihnen unter dem Thema ‚Holzpaletten im Garten nutzen' bereits beschrieben. Es gibt noch viele andere Möglichkeiten, ein hübsches, formschönes und praktisches Kräuterbeet anzulegen.

Sie benötigen: Alle Kräuterpflanzen, die Sie gern im Garten hätten. Eine Pflanzschaufel, gute Kräuter- oder Pflanzerde und einen aufgeräumten Schuppen oder Dachboden. Letzteres, weil sich bei den meisten Menschen genau an diesen Orten Gegenstände befinden, die Sie jetzt nutzen können. Also misten Sie aus und nutzen Sie beispielsweise alte Dachrinnen, eine kaputte Schubkarre, ein altes Holzfass (das sollten Sie in der Mitte durchsägen), alte Wagenräder, Zinkwannen und -eimer oder andere Gegenstände aus Metall, welche sich bepflanzen lassen. Auch Wein- und Obstkisten eignen sich für ein Kräuterbeet.

Sie haben längst alles aufgeräumt und entsorgt? Dann wären beispielsweise viele Findlinge oder andere Natursteine in kleiner bis mittlerer Größe hilfreich, um ein hübsches rundes Kräuterbeet anzulegen.

MATERIALLISTE

- Alle Kräuterpflanzen, die Sie gern im Garten hätten
- Eine Pflanzschaufel
- Gute Kräuter- oder Pflanzerde
- Einen aufgeräumten Schuppen oder Dachboden.

VORBEREITUNGEN

Wie bei allen anderen Heimwerkerarbeiten im Garten sollten Sie die Holzgegenstände mit Holzschutz oder Wetterschutzfarbe vorbehandeln, denn auch ein Kräuterbeet wird regelmäßig gewässert und bekommt Regenwasser ab. Das Ausschlagen mit Folie ist bei diesem Projekt nur bei speziellen Gegenständen hilfreich, da Kräuterbeete meist frei im Garten platziert sind und bei Regen dann Staunässe entstehen würde. Diese vertragen Kräuter nicht. Allerdings sind diese alten Dinge oft selbst schon sehr löchrig. Dann ist die Verwendung von Gartenfolie zu empfehlen. Legen Sie mit kleinen Kieselsteinen oder Blähton eine ausreichende Drainage unten in die mit Folie ausgeschlagenen Gefäße, sodass die Wurzeln der Kräuter später nicht im Wasser stehen. Auf diese Weise kann nun jedes Gefäß zu einem Kräuterbeet werden.

DAS KRÄUTERBEET EINRICHTEN

Die Umsetzung des Kräuterbeets könnte einfacher nicht sein. Das bekommen Sie auch ohne viel Gartenerfahrung hin.

Wer sich für eine alte **DACHRINNE** entscheidet, sollte diese rechts und links mit Steinen fixieren, damit sie gerade steht. Sie können die Dachrinne sehr vielseitig einsetzen. So können diese im Gemüsebeet eingegraben werden, sodass sie dort hauptsächlich als Abtrennung zwischen Gemüse und Kräutern dienen, oder aber auch am Balkongeländer angebracht werden, um auch auf wenig Platz frische Kräuter oder Pflücksalate zu ziehen. Die Rinne muss nur mit guter Kräutererde gefüllt werden, dann können Sie Ihre Lieblingskräuter einsetzen. Abschließend die Erde überall etwas andrücken, leicht angießen und fertig. Achten Sie auf ausreichenden Abstand. Rosmarin, Thymian und Salbei brauchen mehr Platz als andere. Doch selbst wenn Sie Fehler machen, lassen sich diese problemlos später beheben, indem Sie die Kräuter einfach umsetzen, teilen und ein zusätzliches Kräuterbeet einrichten.

Das **WAGENRAD** können Sie wie ein Inselbeet dekorativ in der Rasenfläche anlegen oder aber in einem bereits bestehenden Beet. Ein rundes Kräuterbeet hat den Vorteil, dass Sie schneller Zugriff auf die Kräuter haben, die Sie täglich frisch für die Küche ernten. Bedenken Sie, dass Sie beim Rasenmähen stets um das Wagenrad herum mähen müssen. Darüber hat sich schon manch Gärtner geärgert. An der geplanten Stelle für das Wagenradbeet graben Sie zunächst die Erde um, sodass es auf frischer Erde liegt und die Pflanze später leichter anwachsen. Die Speichen des Wagenrads geben die Einteilung für die Kräuter bereits vor. Achten Sie darauf, dass die Mittelachse eine Vertiefung im Boden erhält. So liegt das Wagenrad plan direkt auf dem Boden. Nun können Sie die Zwischenräume mit Erde füllen, gut wässern und die Kräuter schließlich einsetzen.

Sie hätten gern ein Kräuterbeet in Wagenrad-Form, finden aber kein passendes Rad? Mit einigen der eingangs erwähnten Findlinge und Natursteine können Sie sich die Form des Wagenrades auf einem Beet auslegen. Drücken Sie die Steine etwas in die Erde, um den Rand des Beets zu fixieren. Der Vorteil der Steinumrandung ist, dass Sie frei entscheiden können, wie groß Ihr Kräuterbeet in Wagenradform wird und Sie diese Größe jederzeit verändern können.

Findlinge und Natursteine eignen sich auch für ein **STUFENFÖRMIGES KRÄUTERBEET.** Dafür legen Sie die Steine in einem größeren Kreis aus und drücken die Steine nicht fest. Geben Sie nun ausreichend Erde in diesen Kreis, die Sie dann in einem kleineren Kreis in der Mitte festtreten. Diesen kleineren Kreis umranden Sie mit weiteren mittelgroßen Findlingen und füllen auch ihn mit Pflanzerde auf. So entsteht ein Stufenbeet, das von allen Seiten auf zwei Ebenen frei zugänglich ist.

Alle anderen Gefäße für Ihr Kräuterbeet brauchen Sie nur mit Folie auszuschlagen und dann mit Erde zu füllen – oder Sie füllen die Erde direkt in das jeweilige Gefäß und setzen die Kräuter mit ausreichendem Abstand zueinander hinein. Wer viele kleine Gefäße benutzen möchte, kann sich auf diese Weise eine Art Kübel-Kräutergarten anlegen. Auch das kann bezaubernd aussehen. Genießen Sie die Kräuter und vor allem den wundervollen Duft, der Ihnen dort entgegenströmt.

Einen solchen Mini-Kräutergarten können Sie auch ganzjährig auf der Fensterbank anlegen. Auffallend schön wird es, wenn man mehrere **EINMACHGLÄSER** jeweils mit unterschiedlichen Kräutern bepflanzt. Besonders gut eignen sich hierfür Dill, Kresse, Petersilie, Kerbel, Bohnenkraut und Schnittlauch.

Tipp

Achten Sie bei dem Standort Ihrer Kräuter stets auf die Bedürfnisse der jeweiligen Kräuterart.

KOMPOSTERDE

Egal wie groß Ihr Garten ist, einen Komposthaufen sollten Sie sich immer in einer versteckten Ecke anlegen. Der Komposthaufen verwandelt Küchen- und Gartenabfälle schnell in die begehrte – und im Handel recht teure – Komposterde. Mit dieser haben Sie wertvolle Erde zur Verbesserung der Struktur und Fruchtbarkeit Ihrer Gartenerde. Nicht jeder hat direkten Zugriff auf Pferdemist zur Düngung und industrielle Düngemittel sind oft teuer. Einen Kompost anzulegen ist nicht schwierig und zudem sehr ökologisch. Nicht zuletzt reduzieren Sie damit Ihren Hausmüll, da Sie ab sofort alle frischen Küchenabfälle auf dem Kompost entsorgen können. Frisch bedeutet, dass Sie die Kartoffelschalen dort entsorgen können, wenn diese roh geschält wurden. Die Schalen von gekochten Pellkartoffeln hingegen nicht. Es ist also keine Entsorgung für Essensreste.

WIE FUNKTIONIERT DAS MIT DEM KOMPOST?

Kompost ist nach dem Verrottungsvorgang braune, gesunde Erde und meistens sogar noch warm. Die Verrottung ist ein chemischer Prozess, der viel Wärme erzeugt. Je wärmer der Komposthaufen ist, umso besser, denn die Hitze vernichtet auch Unkrautsamen, die in Gartenabfällen verborgen waren. Deshalb kann auch das gejätete Unkraut auf den Kompost. Sobald eine Kompostkiste voll ist, muss sie ein Jahr ruhen. Das bedeutet, es werden keine neuen Abfälle hinzugegeben.

Sie beginnen deshalb einen neuen Komposthaufen und bauen sich dafür die nächste Kompostkiste. Ist das Jahr um, wird die erste Komposterde gesiebt und im Garten verteilt. Grobe Stücke, die beim Sieben herausfallen, geben Sie in den neuen Kompost.

Sobald die erste Kompostkiste leer ist, wird dort der nächste Komposthaufen begonnen, während die zweite Kiste nun für ein Jahr ruht.

Querschnitt Kompost

1. Küchen- & Gartenabfälle
2. Kompost wird zersetzt
3. Fruchtbarer Dünger entsteht

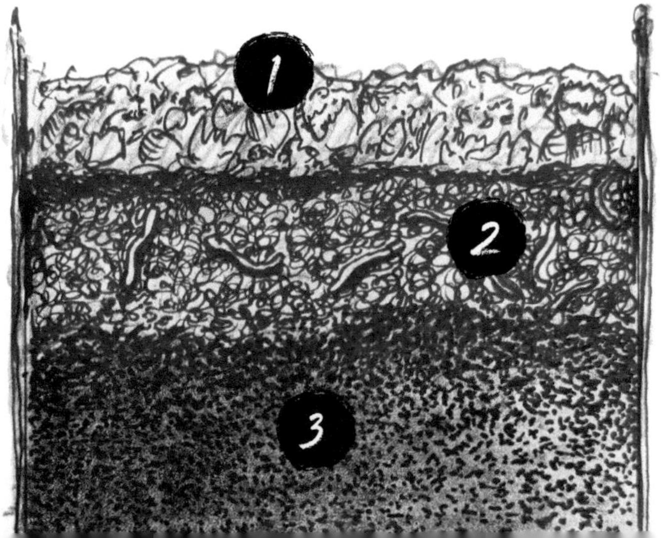

Eine Kompostkiste – schnell gebaut

In unserer schnellen Lösung für eine Kompostkiste kommen wieder die Euro-Paletten zum Einsatz. Es kann also nicht schaden, sich davon einen Vorrat anzulegen. Selbst dann, wenn Sie die Palette nicht in einem Stück verwenden möchten. Das Holz der Palette lässt sich auch für andere Do-it-yourself-Projekte verwenden. Dafür müssen Sie die Palette nur auseinandernehmen.

Für den Kompostbehälter brauchen Sie das nicht zu tun. Der Vorteil dieser Kompostkiste ist, dass Sie bereits fertige Wände und den Boden des Behälters vorliegen haben. Die beiden Schichten der Paletten erlauben auch am Boden eine freie Zirkulation der Luft, welche die Kompostierung fördert.

VORBEREITUNGEN

Behandeln Sie das Holz der Euro-Paletten unbedingt besonders intensiv mit reichlich Holzschutzmittel. Sobald der Kompost gewechselt wird, was im Sommer geschieht, sollten die Paletten einige Tage trocknen und dann erneut komplett mit Holzschutz behandelt werden.

MATERIALLISTE

- Fünf Holzpaletten, die sogenannten Euro-Paletten. Diese sind genormt und daher alle gleich groß.
- Hammer und passende Nägel
- Zwei bis drei rostfreie Scharniere
- Passende Schrauben
- Akkuschrauber oder Schraubendreher

DER AUFBAU

SCHRITT 1 Legen Sie die erste Palette auf den Boden und nageln oder schrauben Sie zwei der Paletten mit der schmalen Seite hochstehend auf den schmalen Seiten der liegenden Palette fest. Achten Sie darauf, dass die Oberseiten der Paletten, die aus je fünf Brettern bestehen, alle innerhalb der Kompostkiste sind.

SCHRITT 2 & 3 Nun stellen Sie diese drei Paletten auf die Bodenpalette der Kompostkiste und schrauben den Rahmen an insgesamt drei bis vier wichtigen Punkten fest. Diese Schrauben müssen Sie später eventuell lösen können, wenn der Kompost fertig ist und entnommen werden soll.

SCHRITT 4 Die fünfte Palette dient als Vorderwand oder Tür. Sie wird an ihrer Unterseite durch zwei oder drei Scharniere mit der Außenkante einer Seitenwand verbunden. Durch diese Tür haben Sie immer Zugriff und können den Kompost später entnehmen oder bei Bedarf versetzen. Wer mag, kann noch einen kleinen Haken oder Riegel anbringen, damit die Tür nicht durch den Kompost oder irgendwelche Tiere aufgedrückt werden kann.

Schritt 1:

Schrauben Sie zwei der Paletten mit der schmalen Seite hochstehend auf den schmalen Seiten der liegenden Palette fest.

Schritt 2:

Drehen Sie die Palette nun um 90 Grad nach vorne.

Schritt 3:

Positionieren Sie nun die vierte Palette in den Zwischenraum unserer 3 Paletten von oben und schrauben den Rahmen an.

Schritt 4:

Die fünfte Palette dient als Vorwand oder Tür – sie wird an ihrer Unterseite durch 2-3 Scharniere mit der Außenkante der Seitenwand verbunden.

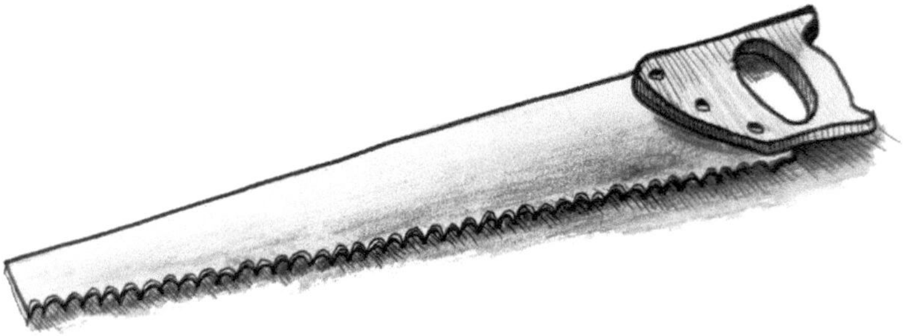

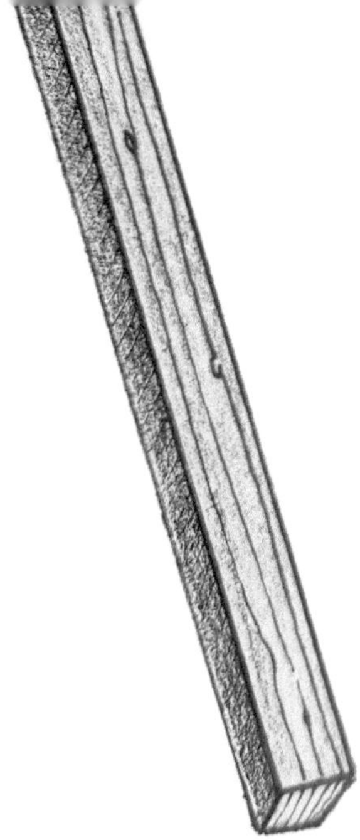

Eine Kompostkiste – komplett selbst gebaut

Eine selbst gebaute Kompostkiste hat den Vorteil, dass Sie sie ganz individuell in den Ausmaßen bauen können, wie sie für Ihren Garten perfekt ist. Unsere Bauanleitung ergibt eine Kiste mit den Maßen 90 x 90 cm und ist 120 cm hoch. Das entspricht ungefähr dem Durchschnitt der handelsüblichen Kompostkisten.

MATERIALLISTE

- 9 Bretter mit einer Länge von 90 cm
- 6 Bretter mit einer Länge von 87,5 cm
- 10 Bretter mit einer Länge von 85 cm
- 6 Pfosten á 5 x 5 x 120 cm
- 100 Schrauben (4 mm)
- Bohrmaschine und Schraubenzieher oder Bohrschrauber
- Tischlerwinkel
- Holzsäge
- Zollstock oder Maßband
- Holzreste als Abstandhalter
- Schraubzwingen
- Bleistift

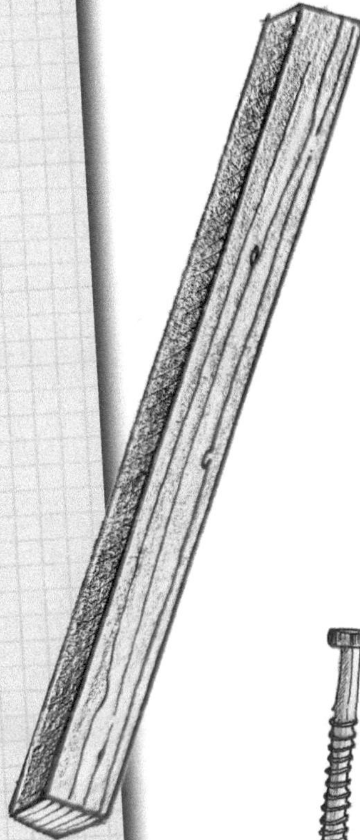

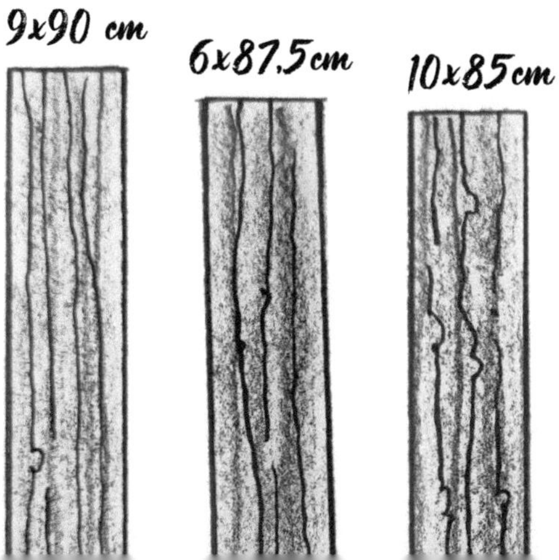

DER AUFBAU – SCHRITT FÜR SCHRITT

SCHRITT 1 Zuerst soll der Rahmen für die unterste Brettreihe entstehen. Sie beginnen mit der Rückwand. Für diese legen Sie zwei Pfosten auf den Boden und darüber ein 85 cm langes Brett. Das Brett soll bündig mit den Pfostenenden abschließen. Überprüfen Sie, ob das Brett rechtwinklig zu den Pfosten liegt und fixieren Sie es dann mit den Schraubzwingen. Markieren Sie die Stellen für die Schrauben und Bohren Sie die Löcher vor oder nutzen Sie den Bohrschrauber.

SCHRITT 2 Für die beiden Seitenwände schrauben Sie jeweils ein 90 cm langes Brett auf beiden Seiten an. Diese müssen im rechten Winkel an das kürzere hintere Brett montiert werden und dabei dessen Seitenkante (15 cm hoch) abdecken. Sie haben nun drei Bretter und zwei Pfosten miteinander verbunden. An die vorderen Enden der 90 cm langen Seitenbretter schrauben Sie nun jeweils einen der beiden vorderen Pfosten an.

SCHRITT 3 Nun können Sie den Rahmen aufstellen und die restlichen 90-cm-Bretter befestigen. Für mehr Stabilität arbeiten Sie wie folgt weiter: Über das erste Brett der Rückwand schrauben Sie mithilfe der Abstandhalter ein 90-cm-Brett, das nun gleichmäßig an beiden Seiten über die Pfosten hinausragt, da das erste Brett kürzer ist (85 cm).

SCHRITT 4 An den beiden Seiten folgt auf die 90-cm-Bretter nun in der zweiten Bretterreihe je ein 87,5 cm langes Brett. Diese schließen jeweils mit dem Brett der Rückwand ab. Fixieren Sie die Verbindungen mit Schrauben. Die restlichen vier Reihen der Kiste bauen Sie ebenso auf und verwenden dabei abwechselnd lange und kürzere Bretter, sodass sie immer an den Enden überlappen und dadurch die Pfosten umrahmen.

SCHRITT 5 Sobald die Seitenwände und die Rückwand fertig sind, wird die Vorderseite extra so gebaut, dass Sie mit den Kompostschichten wachsen kann. Zur Stabilisierung schrauben Sie bündig am Boden der Pfosten ein 85-cm-Brett an den Innenseiten der vorderen Pfosten fest.

SCHRITT 6 Sie haben noch zwei Pfosten übrig. Stellen Sie diese jeweils hinter das eben montierte Bodenbrett, sodass eine Nut entsteht. Der Abstand zu den vorderen Pfosten sollte ungefähr 4 cm betragen. Fixieren Sie die beiden Pfosten mit einer Klemmzwinge und schrauben Sie sie von außen durch die Seitenbretter mit je einer Schraube an jedem Brett fest.

SCHRITT 7 Ihre Kompostkiste ist fast fertig. Legen Sie sie nun auf die Seite, um alle Pfosten oben bündig mit der Oberkante der Seitenwände abzusägen. Das erleichtert später die Abdeckung der Kiste. Nun stellen Sie die Kompostkiste an den gewünschten Stellplatz.

SCHRITT 8 Abschließend schieben Sie die restlichen Bretter in die Nut an der Vorderseite. Sobald Sie Kompost einfüllen oder ihn wenden oder entnehmen möchten, können Sie die Bretter nach Bedarf herausnehmen.

Schritt 1:

Schritt 2:

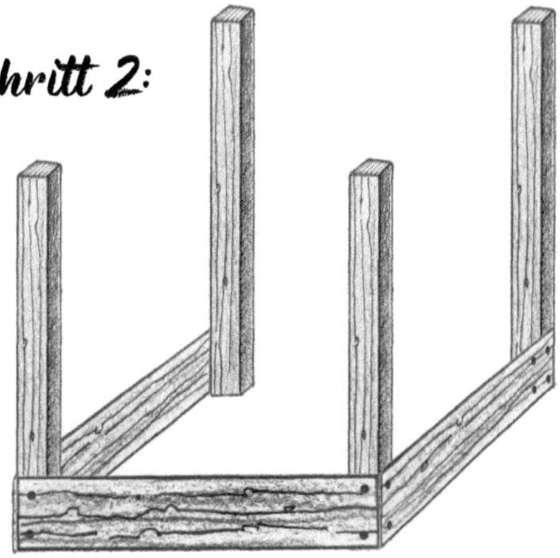

Schritt 3&4:

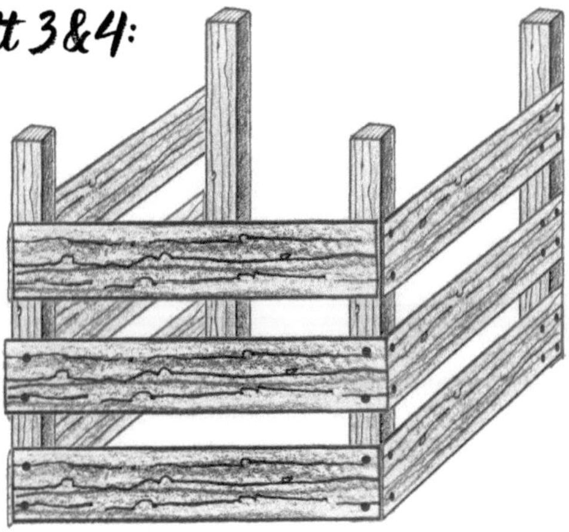

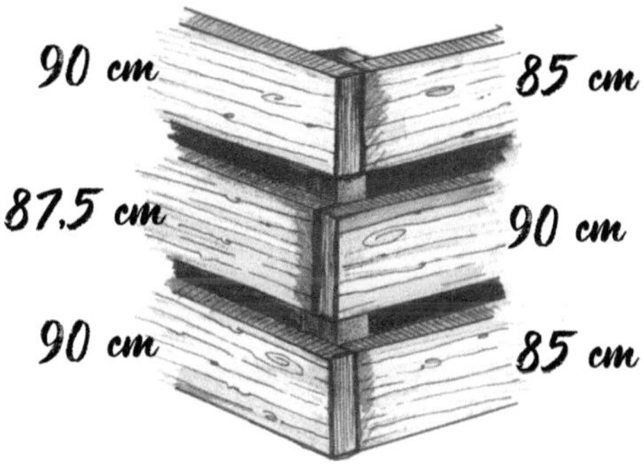

Schritt 5:

Schritt 6-8:

Den Kompostvorgang in Gang bringen

Zum Kompostieren sollte möglichst verschiedenartiges Material verwendet werden. Der Komposthaufen muss sich von innen richtig spürbar erwärmen. Nur so kann der Kompost richtig verrotten. Aus diesem Grund sollten Sie immer möglichst viel Material auf einmal auf den Komposthaufen geben. Auch gemähtes Gras kann auf den Kompost, das erhöht die Kompostmasse schnell. Mischen Sie das gemähte Gras mit etwas Stroh oder auch mit Holzstücken. Dadurch verklebt der Rasenschnitt weniger, die Luft kann besser zirkulieren und das Gras verrottet schneller.

Wer keinen Boden in seiner Kompostkiste hat, muss den Boden der Kiste mit der Forke, auch Spatengabel genannt, vor der Befüllung gründlich auflockern. Der lockere Boden erleichtert all den kleinen Helferlein den Zutritt in Ihren Komposthaufen. Dazu gehören vor allem die Regenwürmer.

Sollten Sie die Komposterde dringend benötigen, sodass sie in einem Jahr früher fertig sein muss, helfen Kompostierungsmittel. Damit beschleunigen Sie den Vorgang der Kompostierung. Bitte folgen Sie aber immer den Hinweisen des Herstellers und achten Sie auf natürliche Mittel. Die Chemie schadet den kleinen Helfern.

Ein Tipp zur Pflege des Komposthaufens

Ein oben offener Komposthaufen sollte immer irgendeine Abdeckung haben. Auf eine Kompostkiste aus Paletten oder einer eigenen Holzkonstruktion können Sie ein großes Brett auflegen oder eine Gewebeplane darüber spannen. Sie können allerdings auch das Brett, die Plane oder vielleicht ein passendes Stück Teppich direkt auf den Komposthaufen legen. Wichtig ist, dass Ihr Komposthaufen a) nicht austrocknen kann und b) bei heftigem Regen nicht zu nass wird.

KARTOFFELPYRAMIDE

Kartoffeln wachsen sehr hoch, wenn man ihnen den Raum dafür gibt. Wir empfehlen dafür eine sogenannte Kartoffelpyramide, welche Sie ganz einfach und schnell selbst bauen können. Der Vorteil der Pyramide ist, dass Ihr Kartoffelbeet nicht viel Gartenplatz in Anspruch nimmt und in der Regel ertragreicher ist als ein Kartoffelbeet mit derselben Anzahl von Pflanzen.

Unsere Kartoffelpyramide besteht aus drei Etagen, die je einen quadratischen Holzrahmen haben. Die Maße bestimmen Sie beziehungsweise der Platz, der Ihnen zur Verfügung steht. Sie bauen einen großen Rahmen, einen mittelgroßen und den kleinsten Rahmen. Diese setzen Sie am Ende jeweils um 45 Grad gedreht übereinander. Dabei entspricht die Diagonale des aufgesetzten Rahmens jeweils der Außenseite des Quadrats darunter. Auf diese Weise berührt die jeweils höhere Ebene den unter ihr liegenden Rahmen nur mit allen vier Ecken.

WICHTIG! Bedenken Sie, dass die Bretter der zweiten Etage etwa ¾ der Länge der ersten Etage haben. Die der dritten Etage dann ¾ der Länge der zweiten Etage und so weiter.

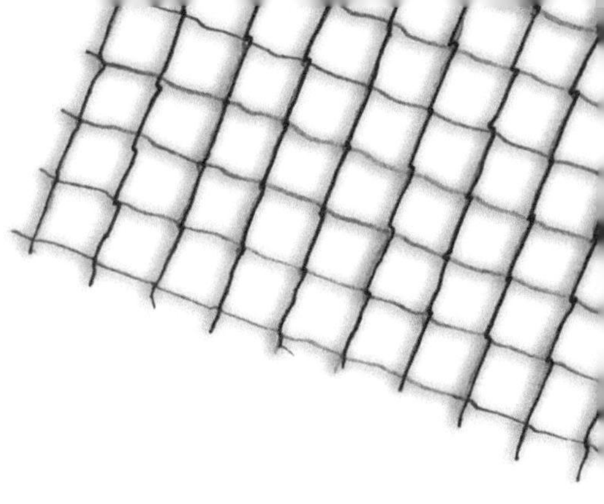

MATERIALLISTE

- Für jede Etage 4 Bretter in jeweils gleicher Länge und einer Breite von 20–30 cm
- Wühlmausgitter in einer Größe, circa 10 cm größer als der größte der drei Rahmen
- Akkuschrauber
- Gartenschaufel
- Viel gute Gartenerde, die mit viel guter Komposterde angereichert wurde
- Setzkartoffeln
- Wasser

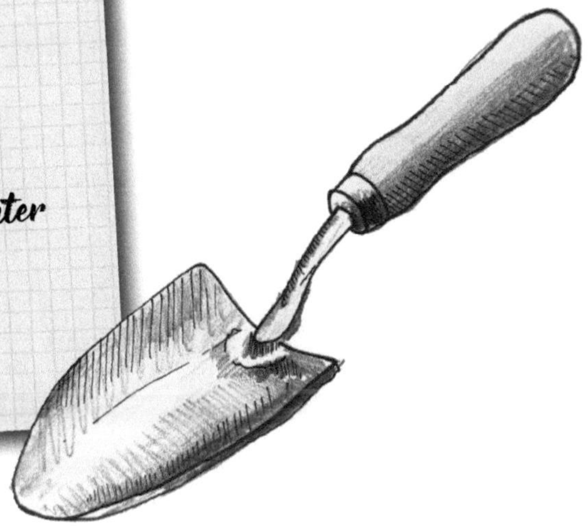

SO GEHEN SIE VOR:

SCHRITT 1 Sie schrauben die jeweils gleich langen Bretter mit den Schrauben an den Ecken zusammen. Dabei liegt ein Brett auf der Schnittstelle des unteren Bretts und Sie schrauben von außen zwei Schrauben hinein. Verfahren Sie an jeder Ecke ebenso.

SCHRITT 2 Damit Sie Ihre Kartoffelpyramide lange nutzen können, schützen Sie das Holz vor zu schneller Verwitterung und streichen Sie die Rahmen satt mit dem Holzschutzmittel an.

Schritt 1:

Schritt 2:

SCHRITT 3 Nun stellen Sie den größten Rahmen auf das Wühlmausgitter und biegen dieses rundherum nach oben. An der Ecke drücken Sie das Gitter über die Ecke hinaus zusammen und falten es zu einer Seite um – ähnlich wie bei Papier- und Näharbeiten. Dann alles festnageln oder tackern.

SCHRITT 4 Jetzt füllen Sie den ersten Rahmen mit Erde auf und heben dabei gleich die gesiebte Komposterde unter. Drücken Sie die Erde etwas an. Anschließend können Sie die Setzkartoffeln in der ersten Etage etwa 15 cm tief in die Erde setzen. Jede Kartoffel braucht für ihre späteren Blätter ausreichend Abstand von etwa 20-30 cm zur nächsten Setzkartoffel. Abschließend die Erde in der unteren Ebene gut gießen. Nun ist Geduld gefragt, bis die ersten Triebe aus der Erde kommen. Erst dann geht es mit dem zweiten Rahmen im nächsten Schritt weiter.

SCHRITT 5 Sobald die Kartoffeltriebe in der Mitte aus der Erde kommen, setzen Sie den Rahmen der zweiten Ebene um 45 Grad gedreht mit ihren Ecken auf den Rahmen der ersten Ebene. Dann füllen Sie diesen zweiten Rahmen mit Garten- und Komposterde. Daraufhin müssen Sie wieder warten, bis die Triebe in der zweiten Etage aus der Erde kommen und verfahren in gleicher Weise mit dem dritten und kleinsten Rahmen.

SO FUNKTIONIERT DIE KARTOFFELPYRAMIDE

Setzkartoffeln haben bereits einen ziemlich langen Trieb. Sie setzen die Kartoffel mit dem Trieb nach oben in die Erde! Dieser Austrieb wächst hoch, bis er ans Licht kommt. Die Triebe in der Mitte der Pyramide werden also deutlich länger als die Setzlinge in den Ecken der Rahmen, da sie durch drei Etagen Erde müssen, bis die Pflanze über der Erde erscheint. Sie können sich auch entscheiden, alle drei Rahmen direkt am Anfang aufzustellen und diese dann komplett mit Erde aufzufüllen und die Pflanzkartoffeln an die erreichbaren Stellen setzen. Auch das würde funktionieren. Allerdings bietet der oben vorgestellte Weg den Vorteil, dass die Kartoffelpflanzen in der Mitte deutlich mehr Ertrag bringen werden aufgrund der Länge der Triebe. Die Pflanze bildet auf dem Weg durch die Erde in die Höhe mehr Wurzeln zur Stabilisierung. An diesen Wurzeln bilden sich überall auch kleine Knollen, die dann zu Kartoffeln werden. Ihr Ernteertrag wird also höher ausfallen, denn die Kartoffeln sind auf allen Ebenen der Pyramide zu finden. In den Ecken werden die Pflanzen weniger Kartoffeln tragen, können aber auch schneller erntereif sein. Kartoffeln sind sehr genügsam wenn es um Wasser geht. Im Normalfall reicht es diese einmal in der Woche zu gießen. Nur bei länger andauernden Hitze- oder Trockenperioden, müssen Sie eventuell häufiger zur Gießkanne greifen.

Die Kartoffelernte steht an, wenn die Pflanze über der Erde komplett vertrocknet ist und umfällt. Sind diese hochgewachsenen Pflanzen oberirdisch vertrocknet, nehmen Sie einfach die Pyramide Ebene für Ebene auseinander und sammeln die Kartoffeln ein.

Der optimale Lagerort der Kartoffeln ist idealerweise ein dunkler, kühler Raum mit einer Kartoffelhorde – oder bei kleineren Mengen (ca. 5 bis 10 kg) in einem luftdurchlässigen Weiden- oder Drahtkorb.

Schritt 3:
Stellen Sie nun den größten Rahmen auf das Wühlmausgitter und befestigen Sie dieses.

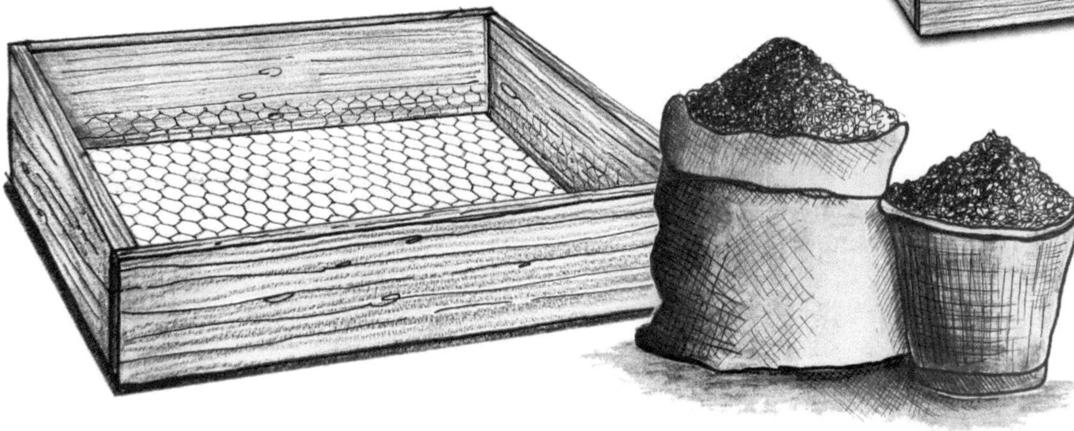

Schritt 4:
Rahmen mit Erde und Komposterde füllen, anschließend Kartoffeln pflanzen.

Schritt 5:
Sobald die Kartoffeltriebe in der Mitte aus der Erde kommen, setzen Sie den Rahmen der zweiten Ebene um 45 Grad gedreht mit ihren Ecken auf den Rahmen der ersten Ebene. Gleiches Verfahren mit dem kleinsten Rahmen.

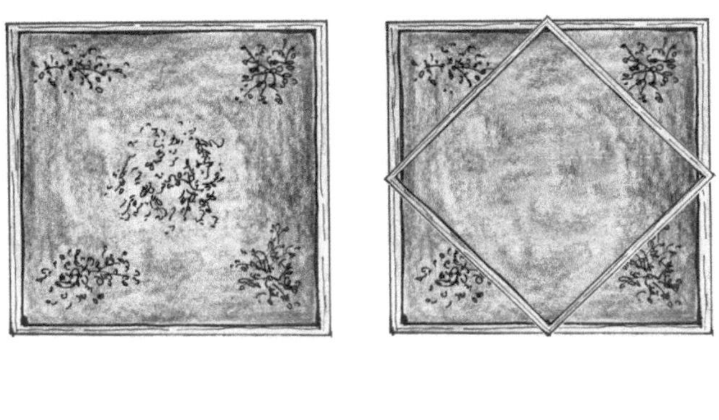

SPALIERE & RANK-HILFEN SELBST GEMACHT

Ein schönes Spalier ermöglicht Ihnen, viele Pflanzen und damit eine wahre Blütenpracht üppig auf kleinstem Raum wachsen zu lassen. Zudem ist es dekorativ und schnell aufgebaut. Sie haben lediglich die Qual der Wahl, welche Form es haben soll.

Bedenken Sie, dass frei stehende Spaliere für jeden Pfosten ein Fundament haben sollten, damit es zum einen die Last der Pflanzen problemlos trägt und zum anderen auch zu allen Jahreszeiten den Winden und Stürmen trotzen kann. Wenn Sie ein Spalier als Sichtschutz einsetzen möchten, benötigen Sie meistens mehrere Spalierelemente. In diesem Fall ist der Kauf dieser Elemente sicherlich günstiger als der Eigenbau. Deshalb zeigen wir Ihnen hier, wie Sie ein Fächerspalier für die Wand selber bauen können, das sowohl an einer Mauer befestigt werden als auch freistehen kann.

Einzelne Spalierelemente können durchaus auch mit Einschlaghülsen stehen, doch bei kräftigeren Winden sind diese auch schon umgeknickt und dabei abgebrochen oder ganz weggeweht worden. Zur Sicherheit sollten Sie auch hier für die Pfosten ein kleines Fundament gießen.

Tipps für den Bau eines Wandspaliers

An eine Mauer montiert dient Ihr Spalier den Pflanzen als Kletterhilfe, beispielsweise Kletterrosen.

Tipp 1 *Streichen Sie das Spalier in der Wandfarbe, um die Kletterpflanze optimal zur Geltung zu bringen.*

Tipp 2 *Durch Abstandhalter können sich Kletterpflanzen leichter um die Holzlatten herum winden.*

MATERIALLISTE

- Je nach Wunschgröße 3 bis 5 gleich lange Kanthölzer (circa 180 bis 200 cm lang) für die Längsstreben*
- 1 bis 2 weitere Kanthölzer der gleichen Länge für die Querstreben
- Gleich große Holzklötzchen als Abstandhalter
- Eine Schlagbohrmaschine
- Steinbohrer für die Löcher in der Wand
- Holzbohrer
- Schrauben
- Bohrschrauber oder Schraubendreher

* Die Mengenangaben der Kanthölzer hängen davon ab, wie breit Ihr Fächerspalier werden soll und wie viele Querstreben Sie haben möchten.

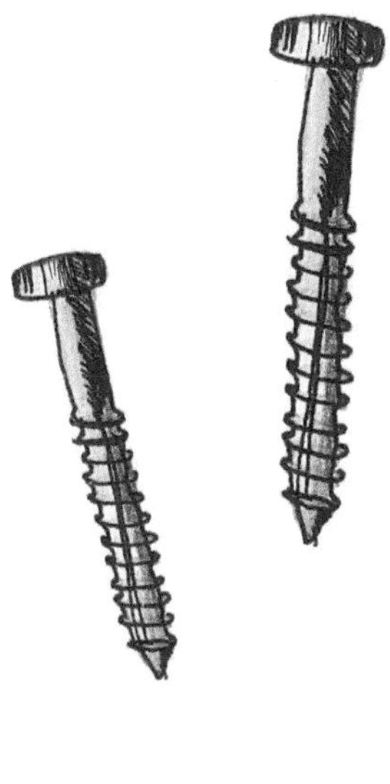

ANLEITUNG FÜR DEN KLASSIKER: DAS FÄCHERSPALIER

SO GEHEN SIE VOR:

1. Legen Sie sich die Kanthölzer auf dem Rasen so hin, wie Sie sie später an der Wand haben möchten. Das klassische Fächerspalier entfaltet sich nach oben wie ein Fächer. Ihrer Kreativität sind aber keine Grenzen gesetzt, deshalb kann es durchaus auch zu einer Seite hin auffächern oder von oben nach unten. Achten Sie darauf, dass dies zur Kletterpflanze passt. Mit Efeu lassen sich auf diese Weise fantasievolle Skulpturen an die Wand zaubern.

2. Sägen Sie die Kanthölzer für die Querlatten in die gewünschte Länge. Sie sollten an den Fächerrändern überall gleichmäßig etwas überstehen. Deshalb arbeiten Sie genau. Andernfalls werden Sie sich in jedem Winter über den Anblick des fehlerhaften kahlen Fächerspaliers ärgern.

3. Legen Sie sich die Querlatten auf die aufgefächerten Spalierlatten auf dem Rasen und überprüfen Sie alle Abstände mit Maßband und Wasserwaage. Idealerweise schrauben Sie das Fächerspalier direkt am Boden zusammen. Mit dem Bohrschrauber ist dies schnell erledigt.

4. Sägen Sie sich die benötigte Zahl an Abstandhaltern aus dem Rest des Querlatten-Holzes. Wer die Abstandhalter unsichtbar haben möchte, schraubt sie direkt von hinten längs in die Längslatten. Wer nicht aufwendig die kleinen Hölzer sägen möchte, fertigt sich gleich von jedem Querholz ein zweites und nutzt diese als Abstandhalter, welche auf Höhe der vorderen Querhölzer versteckt an die Wand geschraubt werden. Setzen Sie die Schrauben zur Befestigung der Abstandhalter am Spalier von hinten, sodass Sie auf der Vorderseite des Spaliers noch bis zur Wand durchbohren können.

5. Halten Sie das Fächerspalier an die gewünschte Stelle mit circa 50 cm Abstand zum Boden. Markieren Sie sich die Stellen für die Dübel auf der Wand und auf der Vorderseite des Fächerspaliers. Idealerweise setzen Sie die Dübel an die Stellen hinter den Abstandhaltern, denn so sitzen alle Schrauben komplett in Holz und Wand. Bohren Sie die Löcher in die Wand und setzen Sie die Dübel ein.

6. Abschließend bohren Sie an den zuvor markierten Stellen die Löcher durch das Spalier und die Abstandshalter und schrauben das Fächerspalier nun fest.

Tipp 3

Befestigen Sie das Spalier unten mit Scharnieren an einer Querlatte, damit Sie es herunterklappen können, um bei Bedarf die Mauer zu streichen oder um Reparaturarbeiten problemlos durchführen zu können.

Tipp 4

Wundervolle Pflanzen die an Ihrem Spalier ranken könnten sind zum Beispiel: Das Efeu, die Kletterrosen, der Blauregen, die Clematis, die Wein- und die Glockenrebe.

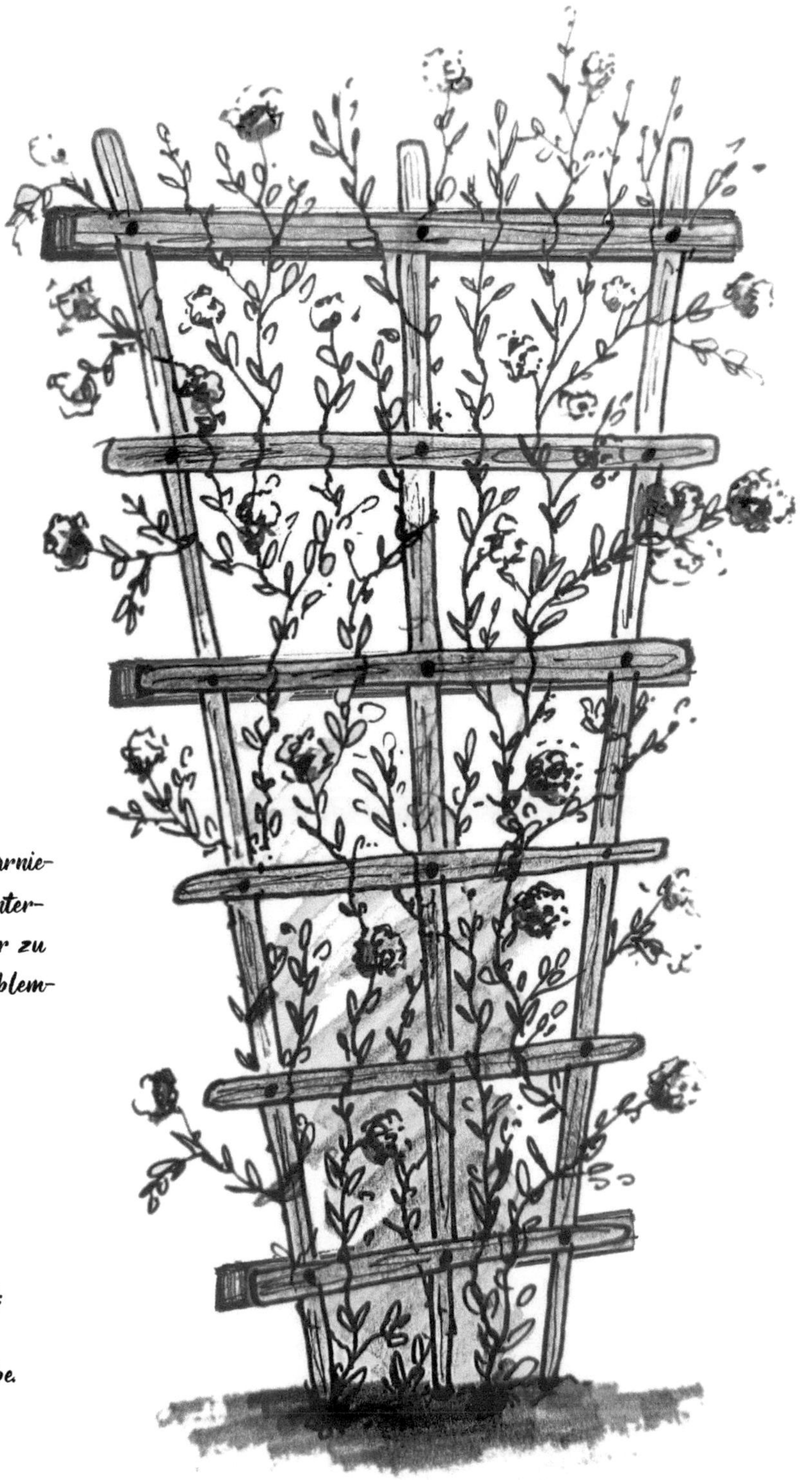

KREATIVE IDEEN FÜR DAS WANDSPALIER

Ihr Wandspalier kann jede Form haben, beispielsweise die eines Segels. Nehmen Sie ein langes Kantholz als Längslatte. Dieses legen Sie auf Ihre Werkbank. Dann sägen Sie alle restlichen Kanthölzer so zurecht, dass Sie durch mit unterschiedlichen Längen auf die Längslatte geschraubt die Form eines Segels bilden. Die Spitze des Segels sägen Sie aus einem Brett und setzen diese oben auf. Noch einfacher wäre es, gleich lange Querhölzer in gleichmäßigen Abständen auf die Längslatte zu schrauben und mit der Stichsäge die Seiten in die gewünschte Form zu bringen. An der tragenden Längslatte dübeln Sie das Spalier mit den Querlatten auf der Vorderseite an die Wand und haben damit auch gleich den Abstand zwischen Wand und Spalier.

EINSATZMÖGLICHKEITEN FÜR SPALIERE

MIT SPALIEREN KÖNNEN SIE:

- Komposthaufen oder die hässlichen Mülltonnen verblenden,
- Kletterpflanzen Halt oder Stütze geben,
- einen bereits bestehenden Zaun oder eine Mauer erhöhen und verschönern,
- langweilige Gartenzäune ersetzen, um eine blühende Gartenbegrenzung zu haben,
- einen Windfang bauen, um die Terrasse oder bestimmte Beetbereiche zu schützen,
- Gartenbereiche optisch voneinander trennen,
- andere Gartenelemente wie einen Laubengang, eine Pergola oder einen Rosenbogen ergänzen und damit erweitern.

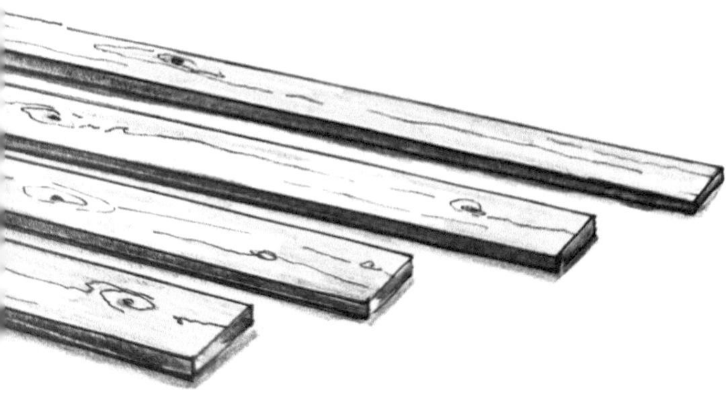

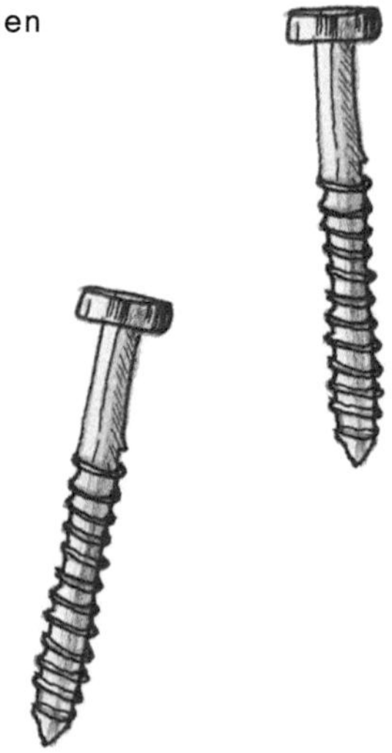

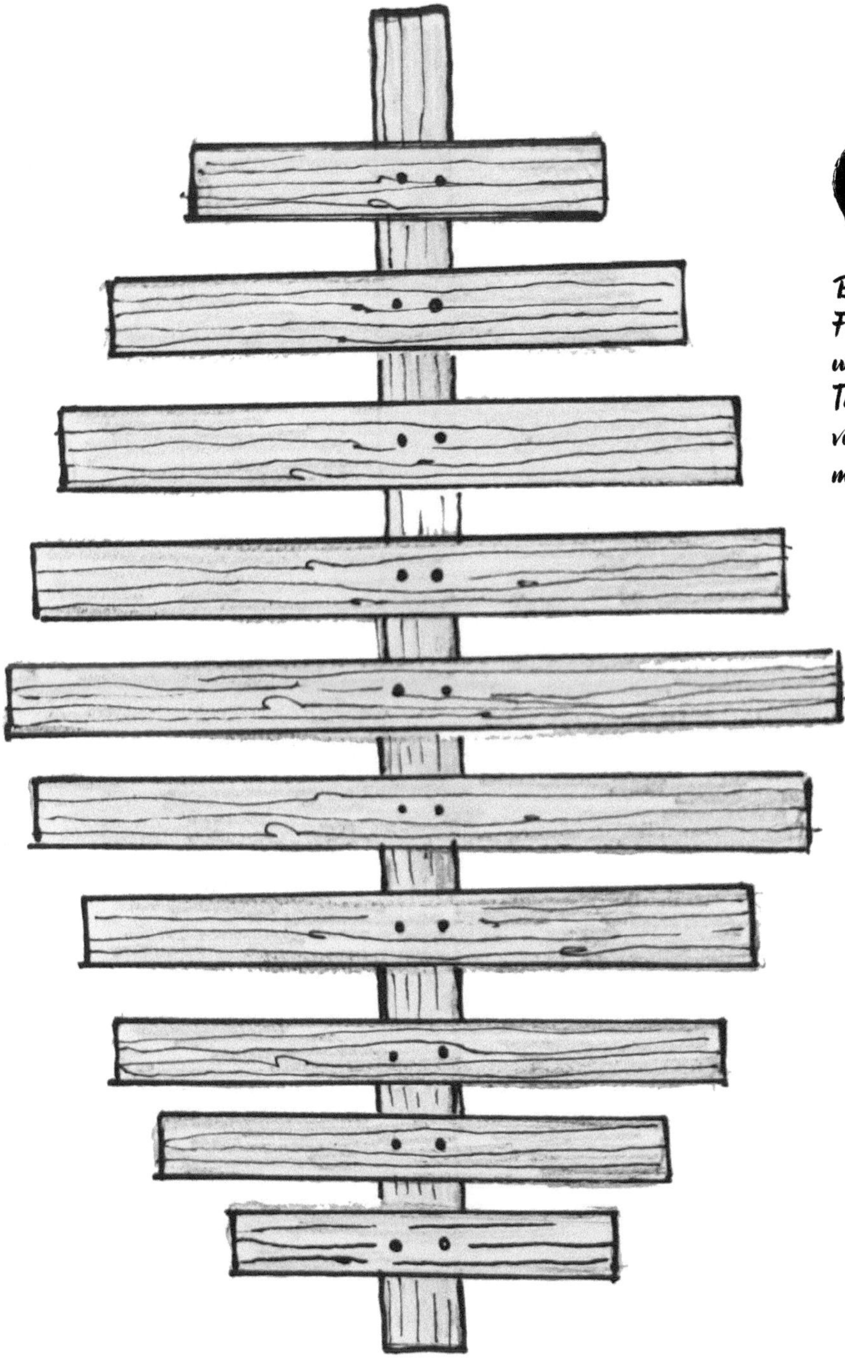

Tipp 5

Bei diesem Wandspalier sind viele Formen denkbar. So sind beispielsweise die Silhouette eines Baumes, einer Tanne, einer Flasche sowie die Umrisse von Märchenfiguren oder Tiersilhouetten möglich.

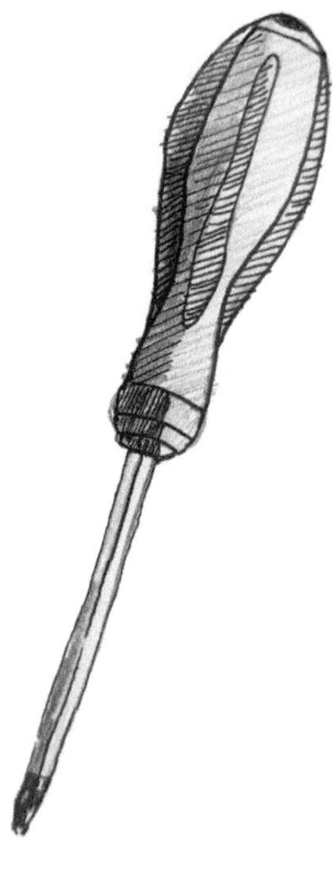

EXKURS: BEETE ANLEGEN

DAS GEMÜSEBEET

Frischer kann Gemüse gar nicht auf den Esstisch kommen als direkt aus dem eigenen Garten. Sogar der Geschmack ist nicht nur intensiver, das Gemüse schmeckt auch frischer und einfach besser. Selbst in kleineren Gärten findet sich immer Platz für ein Gemüsebeet. Eigenes Gemüse anzubauen macht nicht nur Spaß, sondern hilft auch Geld zu sparen.

DIE VORARBEITEN

Sollte der Gartenboden an dem Platz Ihres zukünftigen Gemüsebeets noch überwachsen sein, müssen Sie zunächst alles wegräumen, das Gras mähen, grobes Unkraut jäten und wild hineingekommene Pflanzen wie beispielsweise Brombeeren entfernen. Haben Sie eine ehemalige Rasenfläche ausgewählt, müssen Sie die Grassoden entfernen und während des Umbaus zum Gemüsebeet wieder eingraben. Auf diese Weise fördern Sie die Bildung guter neuer Muttererde.

Anschließend überprüfen Sie den Boden. Der optimale Boden für ein Gemüsebeet ist pH-neutral (weder zu sauer noch zu alkalisch). Die Bodenstruktur sollte offen und schwammig sein und gleichzeitig weder schnell zu nass noch schnell zu trocken werden.

Im Handel (Bau- und Gartenmärkte) finden Sie sogenannte Testgarnituren für die Bodenbeschaffenheit. Der Boden sollte einen pH-Wert von circa 7,0 haben. Ist dies nicht gegeben, müssen Sie ihn entsprechend behandeln. Hilfreich ist in der Regel, eine Ladung Pferdedung aufzutragen und diesen locker in den Boden einzuarbeiten. Dann sollten Sie planen.

MATERIALLISTE

- Spatengabel & Spaten
- Sauzahn oder Dreizack
- Harke, Schnur und Stäbe
- Stäbe
- Dünger
- Gartenhandschuhe

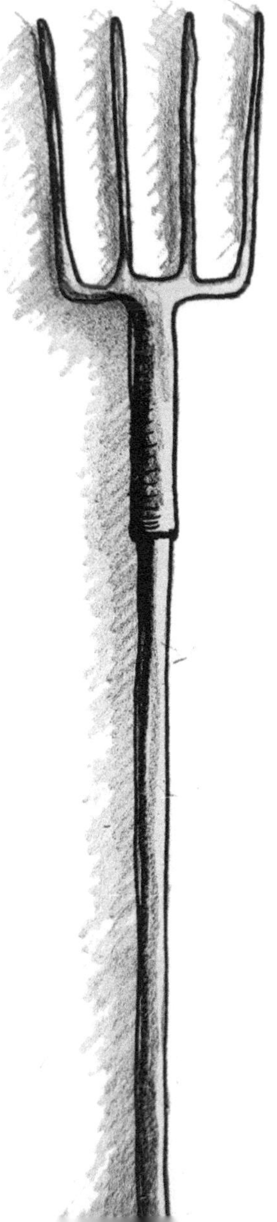

EIN STÜCK RASENFLÄCHE ZUM GEMÜSEBEET UMBAUEN – SCHRITT FÜR SCHRITT

Sie benötigen dafür: Spatengabel, Spaten, Sauzahn oder Dreizack, Harke, Schnur, Stäbe, Dünger, Gartenhandschuhe.

SCHRITT 1 Mit Schnur und Stäben markieren Sie sich den Bereich, in dem die Rasensode ausgehoben werden müssen, und stechen entlang der Schnur in einer ersten Reihe die Rasensode 5 cm tief ab.

SCHRITT 2 Stapeln Sie die Soden mit der Rasenseite nach oben.

SCHRITT 3 Die nun offengelegte Erde graben Sie einen Spaten tief aus und häufen Sie neben den Rasensoden an. Diese Erde wird zum Schluss wiederverwendet.

SCHRITT 4 Mit der Spatengabel lockern Sie nun den Boden dieser ausgehobenen ersten Reihe und mischen einen Teil des gut durchgerotteten Komposts oder des Pferdedungs oder anderen Düngers unter. Mischen Sie dabei alles gut durch und zerkleinern Sie größere Erdklumpen.

SCHRITT 5 Nun stechen sie die nächsten Rasensoden ab in einer zweiten Reihe, die direkt an der ersten liegt. Die abgestochenen Soden der zweiten Reihe legen Sie mit der Rasenseite nach unten auf den Boden der ersten Reihe. Hacken Sie alles gut durch und füllen Sie den Erdaushub der zweiten Reihe in die erste Reihe.

SCHRITT 6 So gehen Sie Reihe für Reihe vor bis zur letzten Reihe. In diese legen Sie die beiseitegelegten ersten Rasensoden mit der Rasenfläche nach unten und verfahren wie bei allen Reihen. Der Erdaushub der ersten Reihe füllt diese letzte Reihe.

SCHRITT 7 Ist das Beet komplett ausgehoben, brechen Sie mit dem Sauzahn oder Dreizack die obere Erdschicht (ca. 15 bis 20 cm) des gesamten Beetes noch einmal auf. Arbeiten Sie mit dem Sauzahn dabei hin und her. Zum Abschluss harken Sie die Fläche erneut durch.

SCHRITT 8 Die Oberfläche braucht zusätzlichen Dünger. Geben Sie den restlichen Pferdemist oder Ihre Komposterde darüber und arbeiten alles gründlich mit der Harke ein. Entfernen Sie dabei Steine und Unkraut von der Oberfläche, die im Moment noch recht klumpig ist.

SCHRITT 9 Mit der Harke erledigen Sie die Feinarbeit. Sie zerstampfen mit ihr Erdklumpen, drücken etwaige Löcher oder tiefe Stellen fest und füllen diese mit Erde auf. Abschließend ziehen Sie die Oberfläche mit dem Rechen glatt. Sie haben nun eine feine, lockere, gleichmäßige Oberfläche, die perfekt für die Aussaat vorbereitet ist.

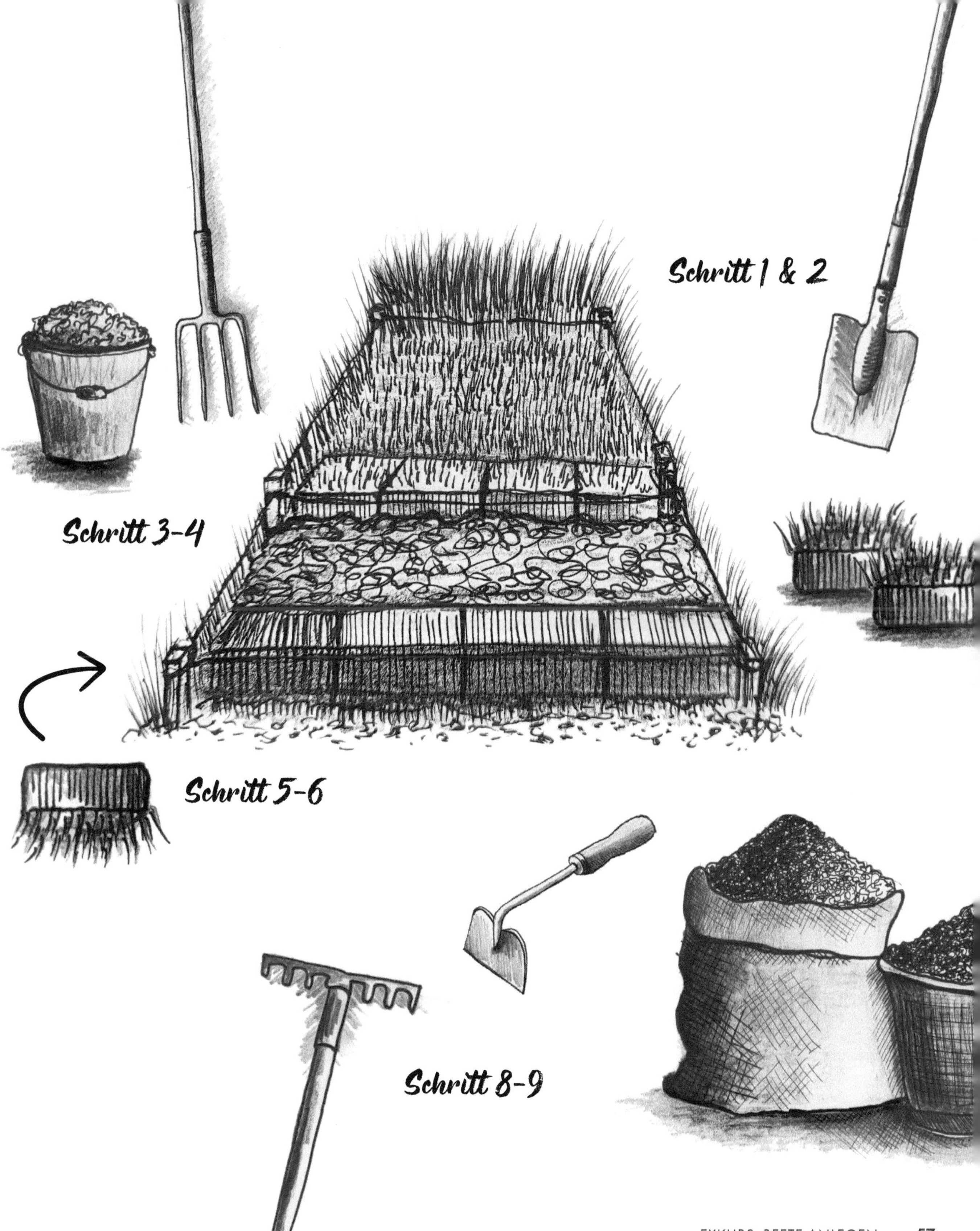
Schritt 1 & 2
Schritt 3-4
Schritt 5-6
Schritt 8-9

DER FRUCHTPLAN

Es ist immer sinnvoll, vorab einen Plan zu schmieden. Sie benötigen einen einfachen Fruchtfolgeplan, um rund ums Jahr möglichst viel Nutzen aus Ihrem Boden zu ziehen. Eine gute Fruchtfolge trägt dazu bei, Schädlinge fernzuhalten und Pflanzenkrankheiten zu verhindern. Dazu ein Beispiel:

Sie teilen das Beet in drei Flächen auf und bauen auf jeder alle drei Jahre eine andere Gemüsesorte an. Bevor die geplanten Hauptgemüsearten ausgesät oder eingepflanzt werden, können Sie zu Saisonbeginn schnell wachsendes Gemüse ziehen (z. B. Radieschen) oder dieses zwischen den Reihen der Hauptgemüsearten anbauen. Die Zwischenreihen sind längst abgeerntet, bevor die Hauptsorten mehr Platz brauchen. Sobald die Hauptsorte geerntet wurde, können Sie weitere anbauen. Auf diese Weise haben Sie übers gesamte Jahr ein breites Sortiment an leckerem Gemüse aus Ihrem eigenen Garten.

DER RICHTIGE STANDORT

- fürs Gemüsebeet eignet sich am besten ein heller, gut belüfteter Standort, der viel Sonne abbekommt. Vermeiden Sie Flächen, die im Schatten von Bäumen, Zäunen oder Gebäuden liegen.

- Für die Zeit der Aussaat ist Wasser unerlässlich. Eine Wasserquelle wie beispielsweise der Brunnen oder eine Regentonne sollte nicht zu weit weg sein, sonst wird die Arbeit bald beschwerlich.

- Legen Sie Wege zwischen den Bereichen im Beet an. So wird das Beet für Sie und Ihre Schubkarre sowie andere Gartengeräte zugänglich. Trampelpfade reichen für kleinere Arbeiten aus. Wo größeres Gerät benötigt wird, sollten Sie Platten legen.

- Sinnvoll ist es, das Gemüsebeet zum Schutz vor starkem Wind mit einer Hecke oder einem Zaun zu umgeben.

DAS ERDBEERBEET

Für ein Erdbeerbeet gelten die gleichen Vorbereitungen wie für ein Gemüsebeet, dennoch ist es ein besonderes Beet im Garten. Der Standort des Erdbeerbeets sollte ebenso sonnig sein wie fürs Gemüse. Der Unterschied zum klassischen Gemüsebeet liegt darin, dass die Erdbeeren einen höheren Stand benötigen. Das Erdbeerbeet sollte also – ähnlich einem Spargelbeet – in aufgeschütteten erhöhten Reihen angelegt werden. Der Grund dafür ist, dass die reifenden Erdbeerfrüchte schwer herunterhängen und bei diesen erhöhten Reihen den Boden nicht berühren. Auf diese Weise verhindern Sie Fäulnis und auch zu schnellen Zugriff von kleinen Insekten aus dem Boden.

Die einzelnen Erdbeerpflanzen benötigen auf den erhöhten Reihen relativ viel Platz, denn sie bilden Ausleger, an denen neue Ableger wachsen.

DAS STAUDENBEET

Ein schöner Platz für ein Staudenbeet bietet eine Rückwand für die Stauden an. Dies kann eine Hauswand sein, eine Gartenmauer, ein Zaun, eine Hecke oder eine Reihe blühender Sträucher. Sollten Sie sich die Stauden bereits gekauft haben, geben Ihnen die Bedürfnisse der Pflanzen vor, welcher Standort benötigt wird.

Hat ein Garten viele üppig blühende Staudenbeete, wird er oft als Bauern- oder Cottagegarten bezeichnet. Dies liegt vermutlich daran, dass die Stauden die Insekten anlocken, welche dann auch die Gemüsepflanzen und Obststräucher und -bäume im Nutzgarten bestäuben.

DER BODEN FÜRS STAUDENBEET

Verfahren Sie beim Anlegen eines neuen Staudenbeets ebenso wie bei unserem Gemüsebeet. Ein pH-neutraler Boden kann später bei Bedarf durch entsprechende Düngungen immer in die gewünschte Richtung verändert werden.

DIE BEPFLANZUNG EINES STAUDENBEETS

Das Staudenbeet wird nur dann wirklich schön, wenn die Pflanzen mehrfach in kleinen Gruppen oder Reihen gesetzt wurden. Zudem dürfen in einem Staudenbeet die Pflanzen im Laufe der Zeit ineinander wachsen und dicht an dicht stehen. Auf diese Weise verhindern die Blumen, dass sich Unkraut ausbreitet. Idealerweise haben Sie bereits einen Teil der Stauden eingekauft und vorgezogen. Das erleichtert die Umsetzung Ihres Pflanzplans und Sie können sich früher an der Blütenpracht erfreuen.

Zum Bepflanzen einige Tipps:

- Sinn und Zweck eines Staudenbeets sind die erwähnten Insekten. Deshalb planen Sie mit Stauden, die jedes Jahr wiederkommen und ersetzen Sie sie gegebenenfalls.
- Den bestmöglichen Effekt erzielen Sie, wenn Sie die hochwachsenden Stauden nach hinten setzen und sie jeweils in Gruppen von drei oder vier einpflanzen.
- Wählen Sie verschiedene Sorten und verschiedene Blütenfarben aus. Das vermittelt dem Betrachter mehr Unruhe und damit Lebendigkeit. Das Auge des Betrachters hat mehr zu gucken und das Staudenbeet wirkt räumlich tiefer.
- Setzen Sie dann stufenartig mittelgroße Stauden vor die hohen und die niedrigwachsenden Stauden nach vorn. Achten Sie darauf, dass einige zarte Gräser oder zartere Blütenstauden immer wieder zwischendrin wachsen. Damit lockern Sie das Bild auf, die luftigeren Blüten scheinen über den anderen zu schweben und bilden weitere Farbtupfer. Dafür eignen sich hellere Blüten besonders gut.
- Setzen Sie in die vordere Reihe am Wegesrand auch einige Pflanzen, die sich auf den Weg ausbreiten. Das macht die strengen Linien des Weges weicher und gibt ihm eine natürlichere Form.
- Zu den typischen Pflanzen eines Cottagegartens gehören beispielsweise Rittersporn, der echte Sonnenhut, der rote Sonnenhut, Stockrosen, Margeriten, Salbei, Lavendel, Schafgarbe in allen Farben, Nesselminze, Malven, Astern, Glockenblumen, Storchschnabel, Fetthenne und als Frühlingsboten einige Zwiebelpflanzen dazwischen.

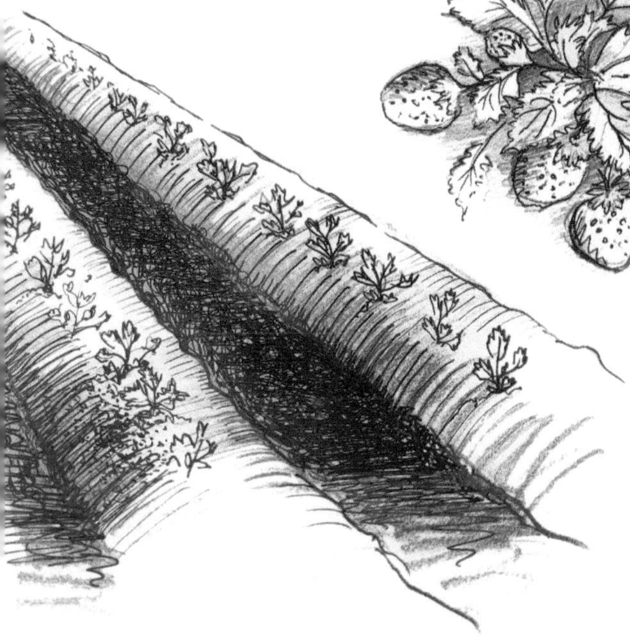

SPIELERISCHES WASSER

WEIL UNS SEINE FARBE BERUHIGT UND SEIN PLÄTSCHERN ENTSPANNT

EINEN MINITEICH ANLEGEN

Wer gern gärtnert, der liebt auch das Wasser und ganz besonders Gartenteiche, in denen Pflanzen und möglicherweise auch Frösche und Fische Lebensraum finden. Durch sie wird der Teich erst lebendig. Sie müssen keineswegs Ihre Rasenfläche opfern, sondern können sich auch einen oder mehrere Miniteiche an halbschattigen Plätzen anlegen. Diese Miniteiche sind, abhängig von der Größe, transportabel und eignen sich auch für den Balkon oder die Terrasse. Größere Gefäße müssen vor dem Transport erst geleert werden. Wer die Tiere nicht im Wasser haben mag, beschränkt sich auf die schönen Wasserpflanzen und baut sich vielleicht eine kleine Fontäne in den Teich. All dies ist möglich – und geht ganz einfach.

Zunächst benötigen Sie ein geeignetes Gefäß für den Teich. Das kann ein halbes Holzfass sein, ein alter Blumenkübel, eine Zinkwanne oder auch ein Zinkeimer. Ihrer Fantasie sind diesbezüglich keine Grenzen gesetzt. Alle andere Materialien, welche Sie speziell für Ihren Minteich brauchen, finden Sie im Gartencenter und in den Baumärkten. Für eine kleine Wasserfontäne benötigen Sie zusätzlich die passende Pumpe und – je nach Ihren Wünschen – das Zubehör. Bitte lassen Sie sich im Baumarkt beraten, welche Miniteichanlage sich für Ihren Teich eignet.

DIE VORARBEITEN

Das Gefäß für Ihren Miniteich sollte gründlich gereinigt und bearbeitet werden, sodass insbesondere innen keine scharfen Kanten, Risse oder Ecken sind. Diese könnten die Teichfolie beschädigen. Für alle Holzgefäße empfiehlt sich ein Anstrich mit Holzschutz- oder Wetterschutzfarbe. Bedenken Sie, dass ältere, ausgediente Holzgefäße einen Anstrich mit Vorstreichfarbe brauchen, sonst blättern Holzschutz und Wetterschutzfarbe bald wieder ab.

MATERIALLISTE

- Ein geeignetes Gefäß für den Teich
- Teichfolie
- Ein Cutter zum Zuschneiden der Folie
- Abgerundete kleine Teichkiesel
- Die Pflanzkörbe für kleine Teichpflanzen
- Zeitungspapier
- Gute Pflanzerde
- Kleine Teichpflanzen

Wichtig!

Bevor Sie die Erde in die Pflanzkörbe füllen schlagen Sie diese mit Zeitungspapier aus – das verhindert das Erde ins Wasser gelangt.

DAS ANLEGEN IHRES MINITEICHS

Sobald alles wieder trocken ist, können Sie die Teichfolie auslegen. Diese sollten Sie in einem Stück auslegen, denn das Überlappen kleinerer Folienstücke kann dazu führen, dass der Teich Wasser verliert. Legen Sie die Folie lieber mit einigen Falten aus. Sie können die Teichfolie zunächst einfach über den Rand hängen lassen. Schneiden Sie noch nichts ab.

Nun füllen Sie die Teichkiesel langsam ein und gestalten eine ‚Unterwasserlandschaft', indem Sie ein oder zwei tiefere Stellen im Wasser kreieren und zum Rand hin mit den Teichkieseln eine Art Ufer bauen. Diese Gestaltung ist selbstverständlich auch umgekehrt möglich, wenn beispielsweise in der Mitte eine kleine Insel mit Pflanzen entstehen soll und rundherum eine tiefere Wasserzone. Geben Sie das Wasser in kleinen Mengen langsam in Ihren Miniteich, damit die Teichkiesel nicht zu stark aufschwemmen. Gegebenenfalls legen Sie die Kiesel anschließend noch einmal unter Wasser neu zurecht.

Während sich die Teichkiesel nun setzen, bereiten Sie die Pflanzkörbe für Teichpflanzen vor. Sie schlagen die Pflanzkörbe mit Zeitungspapier aus, welches verhindert, dass die Erde sich sofort aus dem Korb ins Wasser bewegt. Dann geben Sie die Erde hinein und pflanzen die Mini-Wasserpflanzen an ihre Stellen. Abschließend müssen Sie mit etwas Geduld jeden Korb zuerst unter Wasser halten, bis keine Luftblasen mehr aufsteigen. Erst danach kann die Pflanze an ihren Platz und wird – nun ohne Luft in der Erde – auch dortbleiben.

Sollten Sie feststellen, dass Ihr Teich durch die Sonneneinstrahlung täglich eine deutliche Menge Wasser verliert, füllen Sie dies einfach mit Regen- oder Leitungswasser auf. Zum Schutz vor zu viel Sonne können Sie neben Ihren Miniteich Pflanzkübel mit höher wachsenden Gräsern platzieren. Dafür eignet sich zum Beispiel das Chinaschilf.

Sie werden feststellen, dass auch die Vogelwelt schnell herausfindet, wo es Wasser gibt. Wenn Sie den Teichwasserstand immer auf Höhe des Gefäßrandes halten, können Vögel dort trinken.

Querschnitt Miniteich:

Hier sehen Sie ein Beispiel wie in Ihrem Miniteich die Wasserzonen aufgeteilt sind. Achten Sie stets auf das Bedürfnis der jeweiligen Wasserpflanze.

Wichtig!

Sollten Sie feststellen, dass Ihr Teich durch Sonneneinstrahlung oder Hitze deutlich viel Wasser verliert, füllen Sie dies einfach mit Regen- oder Leitungswasser auf.

EINE PALETTE ALS GARTENTEICH EINRICHTEN

Hätten Sie gern einen Teich im Garten, der größer ist als eine alte Zinkwanne oder sonstige Miniteiche und für den Sie nicht mühsam viel Erde ausheben müssen? Dann empfehlen wir Ihnen, Ihren Gartenteich auf einer Europalette einzurichten. Vermutlich können Sie sich das nicht vorstellen, aber es ist möglich und wir verraten Ihnen hier wie. Allerdings eignet sich so ein Teich eher nicht für Wassertiere, denn es gibt wenig Schutzraum. Sie können es bei entsprechender Bepflanzung mit Goldfischen probieren, sollten diese aber mit einem Netz schützen und im Winter herausnehmen. Reiher und Kraniche finden schnell heraus, wo es mögliche Nahrung für sie gibt und im Winter wird der kleine Teich schnell komplett durchfrieren, was die Wassertiere nicht überleben würden.

Zuerst sollten Sie auch die OSB-Holzplatte mit Holzschutz versehen. Sie ist zwar wasserfest, dennoch sollte jedes verarbeitete Holz im Garten immer einen Holzschutz erhalten. Legen Sie die Europalette an den gewünschten Standort für den Teich und schrauben Sie die OSB-Platte auf die Oberseite der Palette. Sie verhindert das Absenken der Teichfolie zwischen den Brettern auf der Europalette. Decken Sie nun die Palette mit dem Untergewebe ab. Dieses schützt die Teichfolie vor Holzsplittern und eventuell neugierigen Nagetieren. Danach setzen Sie die gewünschte Zahl an Palettenrahmen auf die Palette. Bedenken Sie, dass das Teichwasser durch die Sonneneinstrahlung schnell aufheizen wird. Wählen Sie einen Standort, der nicht den ganzen Tag die volle Sonne abbekommt und nehmen Sie drei Palettenrahmen, um eine ausreichende Wassertiefe zu erreichen. Einige Wasserpflanzen können in der Sonne Schaden nehmen, denn das Wasser kann wie eine Lupe die Sonneneinstrahlung verstärken. Je tiefer das Wasser, umso besser ist es für die Pflanzen.

Sobald die Rahmen auf die Palette gesteckt wurden, schlagen Sie den Innenraum mit Teichfolie aus und lassen diese großzügig über den Rand reichen, wo Sie von außen mit dem Tacker oder mit Hammer und Nägeln befestigt wird. Achten Sie beim Auslegen der Folie darauf, dass sie nicht gespannt wird, sondern locker bis in alle Ecken ausliegt.

MATERIALLISTE

- Eine Europalette
- Eine auf die Palette passende OSB-Holzplatte, denn die ist wasserfest
- Mehrere Palettenrahmen (je nach Wunschhöhe)
- Tacker oder Hammer und Nägel
- Akkuschrauber und Schrauben
- Unterbodengewebe
- Reichlich Teichfolie
- Teichkies
- Pflanzkörbe
- Pflanzerde & Teichpflanzen
- Gartenschlauch & jede Menge Wasser

Geben Sie langsam den Teichkies in kleineren Portionen hinein und verteilen Sie ihn vorsichtig. Den Kies einfach hineinzuschütten und dann zu verteilen, könnte die Teichfolie beschädigen. Um verschiedene Wassertiefen/Tiefenzonen für unterschiedliche Wasserpflanzen zu erreichen, können Sie den Kies zum Beispiel an den Rändern zu einer Art ‚Uferzone' anhäufen. Auf dem Kies können Sie zum Beispiel mit alten Terrakottakübeln späteren Wassertieren Schutz bieten. Achten Sie darauf, dass keine Scherben die Teichfolie berühren, denn das kann zu Schnitten und Rissen in der Folie führen. Vermeiden Sie auch alles, was Sie bei einem ausgegrabenen Gartenteich zur Dekoration ergänzen würden. Dort sickert eventuell austretendes Wasser einfach in die Erde und der Regen füllt den Teich wieder auf. Dies ist bei einem Palettenbeet nicht der Fall. Das Wasser wird so lange auslaufen, bis der Paletten-Teich leer ist oder Sie die Folie repariert haben.

Die Wasserversorgung Ihres Teichs können Sie nun der Natur überlassen, sodass er komplett mit Regenwasser gefüllt wird. Wer nicht so lange warten möchte, greift auf Brunnen- oder Leitungswasser zurück. Danach sollte der Teich erst einige Tage ruhen, bevor Sie die Wasserpflanzen einsetzen. Das Wasser muss etwas aufwärmen und die Teichfolie braucht etwas Zeit, um sich der Form des Palettenrahmens anzupassen. Kontrollieren Sie regelmäßig, ob irgendwo Wasser austritt. Sollte dies geschehen, können Sie auf dem Grund des Teichs versuchen, von innen einen großzügigen Rest Teichfolie über die Stelle zu legen und dort mit einigen Kieseln zu beschweren. Hilft dieser Trick nicht oder tritt Wasser an der Seite aus, müssen Sie das Wasser so weit wieder ablassen, dass die schadhaften Stellen trocken liegen. Dann muss die Folie trocknen und kann anschließend mit einem Reparatur-Set für Teichfolien ausgebessert werden. Ist Ihr Teich rundherum dicht, können Sie mit der Bepflanzung beginnen. Jede Pflanze wird einzeln in einen speziellen Teich-Pflanzkorb gesetzt, der mit normaler Pflanzerde gefüllt wurde. Schlagen Sie die Körbe vorher mit etwas Zeitungspapier aus, um zu verhindern, dass die Erde sofort wieder ausgespült wird. Sobald die Wasserpflanze sozusagen ‚eingetopft' ist, legen Sie auf die Erde rund um die Pflanze herum, einige Teichkiesel. Diese beschweren den Pflanzkorb und halten die Erde im Korb und bei der Pflanze. Damit verschlammt Ihr Teichwasser nicht so schnell. Setzen Sie die Körbe abschließend zwischen die Teichkiesel in den Teich.

ANREGUNGEN FÜR DIE BEPFLANZUNG IM PALETTEN-GARTENTEICH:

Teichpflanzen gibt es in allen Farben, Formen und Größen. Für Ihren Paletten-Gartenteich eignen sich – je nach Ihrer Wassertiefe – kleine bis mittelgroße Teichpflanzen. Achten Sie auf die Bedürfnisse der Teichpflanzen. Auch hier gibt es Pflanzen, die den Schatten oder die Sonne bevorzugen. Sehr beliebt sind Seerosen. Achten Sie darauf, ob die Sorte für Ihre Wassertiefe geeignet sind, denn es gibt große Unterschiede. Ein Teichbereich ab 40 cm Wassertiefe wird im Handel als Tiefwasserzone bezeichnet. Schön sind Binsen, die in grünen Halmen in die Höhe wachsen. Sie bieten etwas Schutz und Schatten. Zudem können Sie die Halme ‚ernten' und für weitere Projekte im Garten verwenden. Wasserhyazinthen blühen wunderschön und lockern das Grün auf. Denken Sie auch an sogenannte ‚Unterwasserpflanzen', die für mehr Sauerstoff im Teichwasser sorgen und dadurch die Algenbildung verhindern oder reduzieren.

TIPPS & TRICKS RUND UM KLEINE GÄRTEN

VERWANDELN SIE IHR GÄRTCHEN IN EINE WOHLFÜHLOASE

Wie Sie das Beste aus Ihrem Garten herausholen können

Auch ein kleinerer Garten möchte schön gestaltet werden und seine Bewohner erfreuen. Unsere Ideen eignen sich auch für kleine Gärten, die zu einer Wohnung gehören. Auch als Mieter dürfen Sie Beete anlegen, einen Geräteschuppen aufstellen oder Spaliere errichten. Mit der richtigen Planung kann sogar ein ganz verwunschener und zauberhafter Garten auf kleinster Fläche entstehen.

DIE PLANUNG

Skizzieren Sie sich grob einen Grundriss der Gartenfläche und überlegen Sie, wo Sie sich gern auf einer Liege zum Sonnenbaden hinlegen würden und wo ein kleiner Sitzplatz zum Kaffeetrinken oder Grillen mit Freunden entstehen soll. Ganz wichtig ist die Frage, in welcher Ecke Sie am liebsten verweilen möchten, um vor der Welt zu fliehen und in Ruhe ein gutes Buch zu lesen. Außerdem möchten Sie vielleicht auch ein bisschen Obst und Gemüse aus dem eigenen Garten ernten. All dies zeichnen Sie ein. Die Gemüsebeete könnten Sie beispielsweise mit unseren Paletten-Hochbeeten anlegen. Dafür müssen Sie nicht erst umgraben oder Rasen wegnehmen und viel Platz wird dafür auch nicht benötigt. Je nach geplanten Pflanzen sollte der Platz aber zumindest einige Stunden pro Tag in der Sonne stehen.

DIE STRUKTUR

Bei der Planung eines kleinen Gartens kommt es auf die Struktur an. Nicht so sehr auf Ordnung, sondern auf verschlungene Wege über den Rasen in Verbindung mit überraschenden Ein- und Ausblicken und Durchgängen. Das kann beispielsweise eine kleine Pergola aus Naturholz sein, die als Entree in den Garten führt und von Blauregen, Rosen oder anderen Kletterpflanzen überwachsen ist. Oder eine Statue, die eine Pflanzschale mit leuchtenden, rankenden Blüten trägt und dem Besucher erst auffällt, wenn er einen bestimmten Sitzplatz einnimmt oder einen Strauch umrundet.
Arbeiten Sie dabei mit Pflanzen in verschiedenen Höhen. So kann der Betrachter bei flacheren Pflanzen etwas mehr vom Garten sehen und erahnen und an anderer Stelle überrascht etwas Besonderes entdecken.

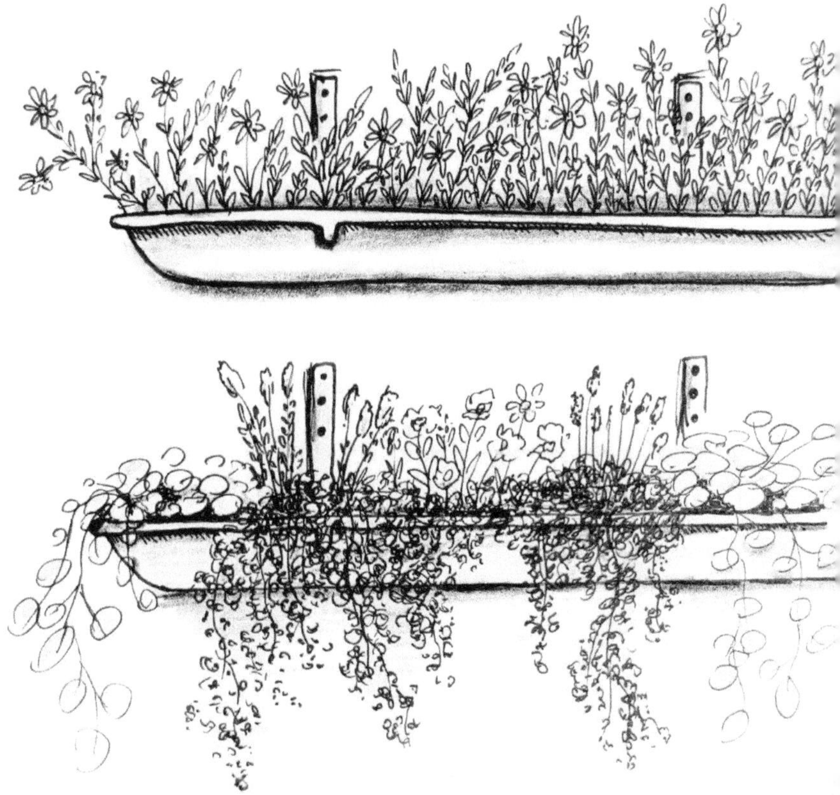

EINFACHES DESIGN

Auch ein kleiner Garten bietet unzählige Gestaltungsmöglichkeiten. Ob Sie einen elegant angelegten Garten mit Hecken aus Buchs, einem edlen Springbrunnen und exklusiven Gartenmöbeln mögen, einen Cottagegarten bevorzugen oder einen ganz verträumten Garten haben möchten – es ist wesentlich einfacher, einem kleinen Garten Ihre persönliche Note zu geben als einem großen. Dennoch sollten Sie Ihre Planung zunächst simpel halten und mit wenigen Dingen beginnen, sodass die von Ihnen neu eingesetzten Pflanzen nach und nach zu dem gewünschten Design zusammenwachsen und zu Ihrem Garten werden können. Je kleiner der Garten, desto einfacher sollte Ihre Planung sein. Natursteine und Holz geben dem Garten eine ländliche Atmosphäre, ein gepflasterter Garten kann zu einem hübschen Stadtgarten mit vielen Kübelpflanzen werden.

AUF WENIGE FARBEN BESCHRÄNKEN

Kleine Gärten machen den besten Eindruck, wenn Sie sich auf eine kleine Farbpalette beschränken. Ein komplett in verschiedenen Grüntönen gehaltener Garten kann auf kleiner Fläche größer wirken, als er ist. Durch die unterschiedlichen Nuancen einer Farbe entstehen Tiefen und Höhen, auf denen das Auge gern entlang wandert. Die Verbindung mit einigen weißen oder pastellfarbenen Blüten verstärkt diesen Eindruck.

SICHTACHSEN UND BLICKPUNKTE

Niedrige Hecken um Ihre Beete herum können das Grundstück größer wirken lassen, als es ist. Allerdings hat der Garten dann keine Sichtachsen. Der Betrachter kann den Garten komplett überblicken. Sichtachsen machen eine Landschaft interessant und entstehen, wenn Sie den Garten beispielsweise durch die oben genannte Pergola betreten und dann in verschiedenen Richtungen unterschiedliche Blickpunkte haben. In einer Richtung führt Ihr Blick bis zur Gartenmauer, wo eine Heckenrose blüht und ein Vogelbecken steht. Die Sichtachse hat an ihrem Ende einen Blickpunkt oder ‚Hingucker'. In anderer Richtung entdecken Sie einen Sitzplatz und an der nächsten Stelle eine

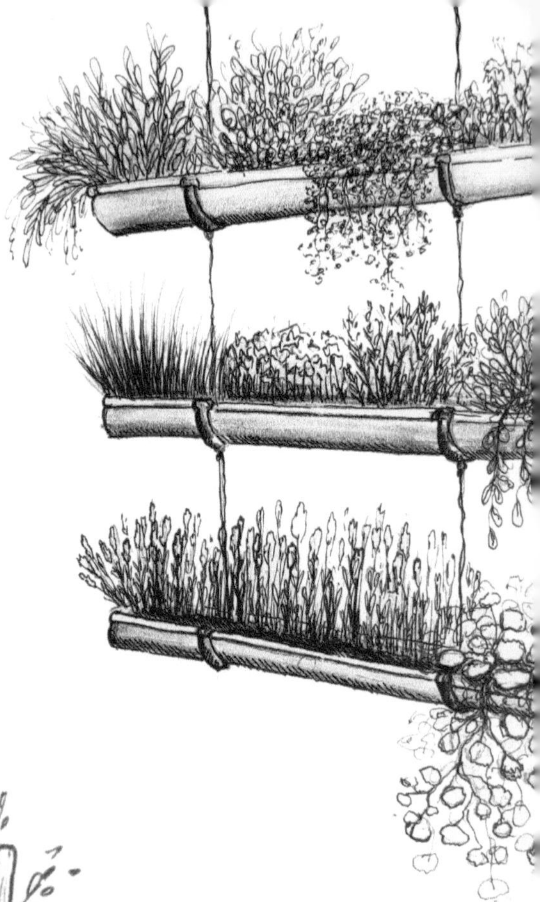

Sonnenuhr. Diese Dinge sind gerade bei kleineren Gärten wichtig. Doch bedenken Sie die wichtige Regel, dass weniger mehr ist. Übertreiben Sie die Blickpunkte nicht. Viel interessanter wären zusätzliche kleine Elemente wie ein Windspiel, das im Baum hängt, ein Nistkasten im Obstbaum, eine simple Gartenschaukel, die in an einem ausgebreiteten Ast hängt und viele Dinge mehr. Dinge wie diese laden zum Träumen ein und ihr Anblick bringt die meisten Menschen dazu, sich zu entspannen.

SITZPLÄTZE

In kleinen Gärten scheint es oft schwierig, zwischen hohen Sträuchern einen wirklich unbeobachteten Sitzplatz zu errichten. Sie können sich mit Kübelpflanzen auf verschiedenen Ebenen behelfen. Dies ist insbesondere dann sinnvoll, wenn Ihr Garten nur gemietet ist, denn dann packen Sie die Kübelpflanzen beim Auszug einfach ein und nehmen sie mit. Verschiedene Ebenen für die aufgestellten Kübel erreichen Sie beispielsweise mit Holzkisten oder schönen Ziegelsteinen aus dem Baumarkt, auf denen Sie die Kübeltöpfe in verschiedenen Größen platzieren.

TRENNWÄNDE

Abtrennungen sind auch bei kleineren Gärten hilfreich, um den Garten spannender wirken zu lassen. Dafür eignen sich zum Beispiel ein Staketenzaun, eine Rankhilfe, alte Holztüren, ein verwittertes Element aus einem alten Eisenzaun und viele andere Dinge. Wählen Sie Dinge, die in den Materialien oder aber in der Form zueinander passen. Das Gefühl von Geborgenheit gibt Ihnen ein Garten, sobald die Balance stimmt und die Balance entsteht durch Harmonien in Kombination mit einigen wenigen Kontrasten.

NÜTZLICH UND SCHÖN

ÜBER PROJEKTE, DIE SIE BRAUCHEN UND SOLCHE, DIE SIE WOLLEN WERDEN

INSEKTENHOTELS

Gekaufte Insektenhotels sind praktisch, aber wer hat schon Insekten dort einziehen sehen? Ein selbst gebautes Insektenhotel kann so gebaut werden, dass es zum Stil des Gartens passt. Sie können es auch in Größe und Form völlig frei gestalten. Farbe sollten Sie weglassen. Ein Insektenhotel sollte sich unauffällig im Garten einfügen und dafür muss es so natürlich wie möglich sein.

Hätten Sie gern so ein Insektenhaus? Dann gehen sie spazieren und sammeln Sie Naturmaterialien aus Ihrem Garten und auf Waldspaziergängen.

MÖGLICHE FÜLLMATERIALIEN FÜR DEN UNTERSCHLUPF

In ein Insektenhaus oder -hotel gehören Tannenzapfen, Bucheckern, alte Baumrinde, kleine Holzstücke und Zweige in verschiedenen Durchmessern. Stroh und Heu bieten Käfern Unterschlupf. Auch abgeschnittene Halme von Bambus und Chinaschilf sind für ein Insektenhotel nützlich. Wenn Sie alte Bambusstäbe haben, die Sie nicht mehr zum Stützen von Pflanzen benutzen, können Sie diese ebenfalls verwenden. Auch frische Holzreste von Kanthölzern sowie Sägespäne helfen den Insekten, geschützt zu überwintern und zu überleben.

DER RAHMEN FÜR DAS HOTEL

Sie benötigen außerdem Holzbrettchen für den Rahmenbau des Insektenhotels. Etwas einfach wird es, wenn Sie beispielsweise einen alten naturbelassenen Setzkasten entbehren können. Dieser hat bereits viele Fächer und mit etwas Geschick wird er bald wie ein Insektenhaus aussehen. Ihr Hotel kann auch rund werden, wenn Sie zum Beispiel alte Bambusdosen oder Übertöpfe haben, die Sie entbehren können. Vielleicht haben Sie alte Bast- oder Rattankörbchen. Auch daraus können Sie Ihren Rückzugsort für Insekten bauen.

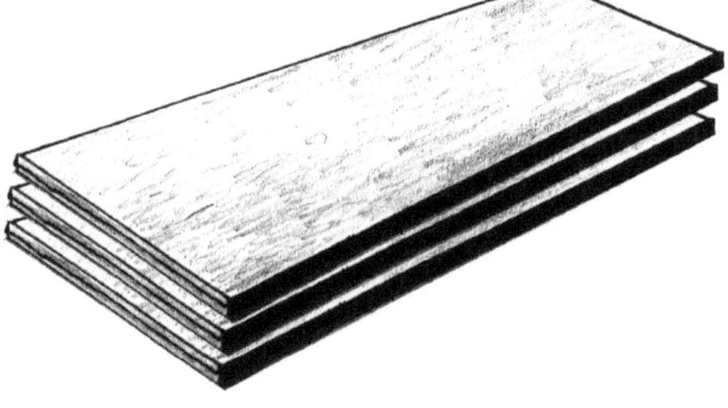

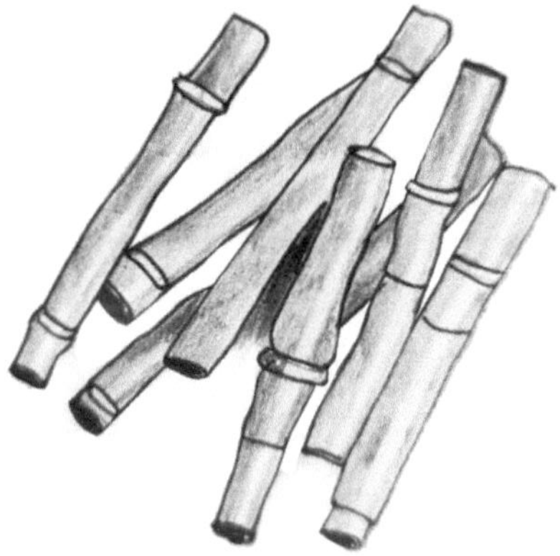

MATERIALLISTE

- Holz- oder Feinsäge
- Holzleim
- Schneidlade für die Winkel
- Kleine Schrauben
- Schraubenzieher oder -dreher
- Hammer und kleine Nägel
- Hand-Holzbohrer oder Bohrmaschine
- Eventuell Heißklebepistole
- Kleinmaschigen Draht (kleiner als Hasen- bzw. Kaninchendraht)
- Je nach Bedarf Bretter
- Die gesammelten Materialien

Sie sehen, ein Insektenhotel kann aus ganz unterschiedlichen Materialien entstehen, sofern es sich um natürliche Materialien handelt. Die Insekten ziehen schnell ein, wenn Sie viel altes, abgelagertes Holz verwenden. In der Gestaltung kann das Hotel völlig kreativ nach eigenen Ideen gebaut werden. Wir haben zum Beispiel bei einem Spaziergang in einem Garten der Nachbarschaft unter einer Tanne ein altes Regal entdeckt, das zu einem Insektenhotel umgebaut wurde. So ein Insektenhaus ist dekorativ, aber durch die Größe auch recht wuchtig und auffällig, was nicht jedem gefällt. Auch die Vögel, die natürlichen Feinde der Insekten, haben bei einem derart großen Insektenhotel schnell heraus, dass sie dort Nahrung finden können.

Wir beziehen gern alle Familienmitglieder in unsere Projekte mit ein. So sorgt unsere Großmutter dafür, dass in den Hochbeeten die Samen in ordentlichen Reihen ausgesät werden und das Unkraut keine Chance hat. Sie verzieht die kleinen Pflänzchen und hilft bei der Ernte sowie beim Einkochen. Der Großvater hackt im Gemüsebeet die Erde um, mäht den Rasen, weiß mit der Sense umzugehen und hilft bei den Holzarbeiten. Er sorgt auch dafür, dass wir alle die Gartengeräte stets nach getaner Arbeit gründlich reinigen und ordentlich wieder aufhängen. Die Kinder helfen, wo sie mögen und dürfen natürlich die Blumenzwiebeln in die Erde setzen, mit Binsen aus dem Teich und den abgeschnittenen Zweigen gern für den Garten basteln und besonders bei den kleinen Projekten helfen. So auch bei den Insektenhotels.

DER OPTIMALE STANDORT

Das Insektenhotel sollte an einem Standort verweilen, wo es über Jahre bleiben kann. Dieser Platz sollte sonnig und vor Wind und Wetter geschützt sein. Am besten eignen sich meistens Schuppenwände, die durch einen Dachüberstand geschützt sind. Nistkästen und Vogelfutterhäuschen sollten an einer anderen Stelle im Garten hängen.

MÖGLICHE BAUWEISEN

Am wenigsten können Sie sich bei unserer Materialliste vielleicht vorstellen, einen alten Brotkorb oder andere Körbe zu einem Insektenhotel umzubauen. Ihre Kinder werden es mögen, denn aus einer runden oder ovalen Form lässt sich mehr machen. Eine große Freude machen Sie ihnen, wenn das Insektenhaus an ein kleines Hexenhaus erinnert oder das Dach mit Burgzinnen gestaltet wird. Sie wissen schon: Je verwunschener und fantasievoller es aussieht, umso mehr Spaß macht das Bauen derartiger Projekte. Und jetzt geht es endlich los!

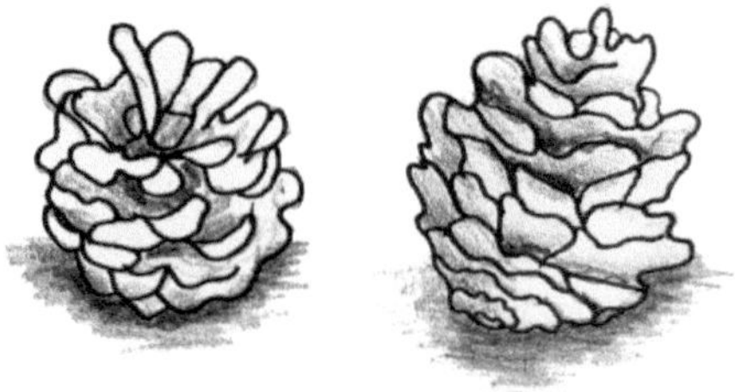

KLEIN, RUND UND UNGEWÖHNLICH

Der Korb wird mit zwei Schrauben durch seine Unterseite beispielsweise an einer Schuppenwand befestigt. Nun befüllen Sie ihn unten erst mit Stroh, das Sie zu einer Seite zusammendrücken. Auf der anderen Seite legen Sie Heu oder Tannenzapfen hinein oder passend klein geschnittene Bambusstöcke mit der Schnittseite nach vorn. Dazwischen passt ein kleines Stück altes Holz oder Baumrinde, sodass die Bereiche voneinander getrennt werden. Die Bereiche, in denen Stroh, Zapfen und Heu liegen, sollten Sie mit dem engmaschigen Maschendraht sichern, damit nichts herausfallen oder herausgezogen werden kann. Den Maschendraht können Sie am Korbrand mit dem Tacker befestigen. Auf diese erste Schicht legen Sie kurz geschnittene Stücke von Ästen und Zweigen, die beim Rückschnitt von Sträuchern und Bäumen angefallen sind. Wenn Sie die Zweige quer legen, hat die erste Schicht einen Abschluss. In alte Holzstücke können die Kinder mit dem Handbohrer Löcher ins Längsholz bohren, also immer mit dem Verlauf der Holzfasern bohren. Auch echte Strohhalme, die zum Trinken gedacht sind, können von den Kindern passend zugeschnitten und mit der Öffnung nach vorn zur Füllung des Insektenhotels beitragen. Befüllen Sie den Korb schichtweise bis oben hin. Wenn Sie sich dafür zuvor ein Muster überlegen, wird der Anblick Ihres Insektenhotels für die Kinder später eine Überraschung sein. Für runde Formen eignen sich zum Beispiel verschiedene Smiley-Gesichter, eine Blumen- oder Kleeblattform sowie die Formen von Sonne oder Halbmond.

MITTELGROSS UND DEKORATIV

Das Befüllen eines Insektenhotels ist wirklich nicht schwierig. Totholz nennen Förster das Holz, das den Insekten im Wald Schutz und Lebensraum bietet. Deshalb entsorgen Sie Ihre sogenannten ‚Gartenabfälle' nicht alle sofort. Sammeln Sie wie eingangs beschrieben das Material in ihrem eigenen Garten.

Für diesen zweiten Vorschlag für ein kreatives Insektenhotel benötigen Sie ein etwas größeres unbehandeltes Holzbrett oder Sperrholz für die Rückwand. Auf dieses Brett kleben Sie die gesammelten Materialien nun mit Holzleim oder Heißkleber zu einem Bild auf. Achten Sie darauf, dass das Material reichlich aufgeschichtet wird, sodass das ‚Bild' bzw. das Insektenhotel eine ausreichend schützende Tiefe für die künftigen Bewohner hat. Nur dann können sich die Insekten dort verstecken und sicher fühlen. Wenn die gesamte Holzfläche beklebt wurde, rahmen Sie Ihr Insektenhotel mit einigen Kanthölzern oder dickeren Zweigen ein, die Sie mit Nägeln fixieren oder ebenfalls ankleben können. Die Kinder dürfen einzelne Holzteile mit biologisch abbaubaren Farben dekorieren – nur bitte nicht komplett anmalen, denn das mögen die Insekten nicht. Abschließend schrauben Sie dieses kreative Insektenhaus an den Ecken des Rahmens mit dem Bohrschrauber an eine Schuppenwand.

SCHLICHT UND EINFACH

Nehmen Sie drei Bretter aus abgelagertem Holz. Die beiden Seitenteile sollten vielleicht 40-50 cm und gleich lang sein und etwas länger als das dritte Brett, welches Sie mit je zwei Schrauben unter die beiden Seitenteile schrauben. Als Dach genügt ein schlichtes viertes Brett, welches mit seiner Länge an den Seiten und in seiner Breite nach vorn überstehen soll, um dem Insektenhotel etwas Schutz zu bieten. An der Rückseite schließen alle Bretter exakt miteinander ab, sodass Sie aus einem oder mehreren Brettern dort eine Rückwand anschrauben können.

Als Zwischenstück können Sie ein passendes dickes Aststück einsetzen und auch dies von der Außenseite festschrauben. Die so entstandenen Fächer füllen Sie mit unterschiedlich großen Aststücken und Stücken von Bambusstöcken. In die Aststücke bohren Sie in die Schnittseite, im Faserverlauf des Holzes verschieden große Löcher. Füllen Sie dieses Insektenhotel auf, bis kein Platz mehr ist. Eventuelle Lücken können Sie mit Tannenzapfen, Bucheckern, Eicheln, Kastanien oder etwas Stroh auffüllen. Dieses Insektenhotel steht stabil, wenn Sie die schwereren Holzstücke in das untere Fach sortieren. Es lässt sich aber auch vor dem Befüllen an einer Wand aufhängen.

Ein schöner Garten ist ohne Insekten nicht möglich. Die Blumen bilden neue Samen, weil sie von Insekten bestäubt werden und das Obst und Gemüse wächst nur durch die Hilfe der Insekten. Ein gesunder Garten zieht eine große Vielfalt von Insekten an. Das freut nicht nur die Vögel, sondern bei uns auch die verspielten Katzen. Übrigens haben wir auch einen Kasten für Schmetterlinge aufgehängt, doch diese scheinen viel lieber zwischen Ziegelsteinen und Feuerholz zu überwintern. Vermutlich ist es in den engen Zwischenräumen wärmer als in so einem Kasten.

Pension
Biene Maja

ALTES WISSEN NEU ENTDECKT: EINEN ERDKELLER SELBST BAUEN

Dieser Erdkeller ist ein Projekt, das Sie auch als absoluter Anfänger-Heimwerker hinbekommen. Allerdings nur, wenn Ihr Grundwasser auch bei starken Regenfällen und Schneeschmelze tiefer als 2 m unter der Erde liegt. In den meisten Gegenden Deutschlands sollte das kein Problem darstellen. Falls Sie in der Nähe eines Flusses, Sees oder Moorgebiets wohnen, können Sie die Information bei Ihrem Wasserversorger, oder dem geologischen Landesamt in Erfahrung bringen, wenn Sie auf Nummer sicher gehen wollen.

In einem Erdkeller können Sie Ihr selbst angebautes und geerntetes Gemüse lagern und haben auf diese Weise den ganzen Winter über frisches Gemüse zur Verfügung. Die kleineren Gemüsesorten wie Erbsen und alle Bohnensorten sollten Sie am besten einfrieren. Ebenso das Blattgemüse wie Spinat. Bei Porree empfiehlt es sich, den Bedarf zum Würzen für Suppen kleinzuschneiden und einzufrieren und die restlichen ganzen Porreestangen im Erdkeller zu lagern. Sie werden sich komplett selbst versorgen können.

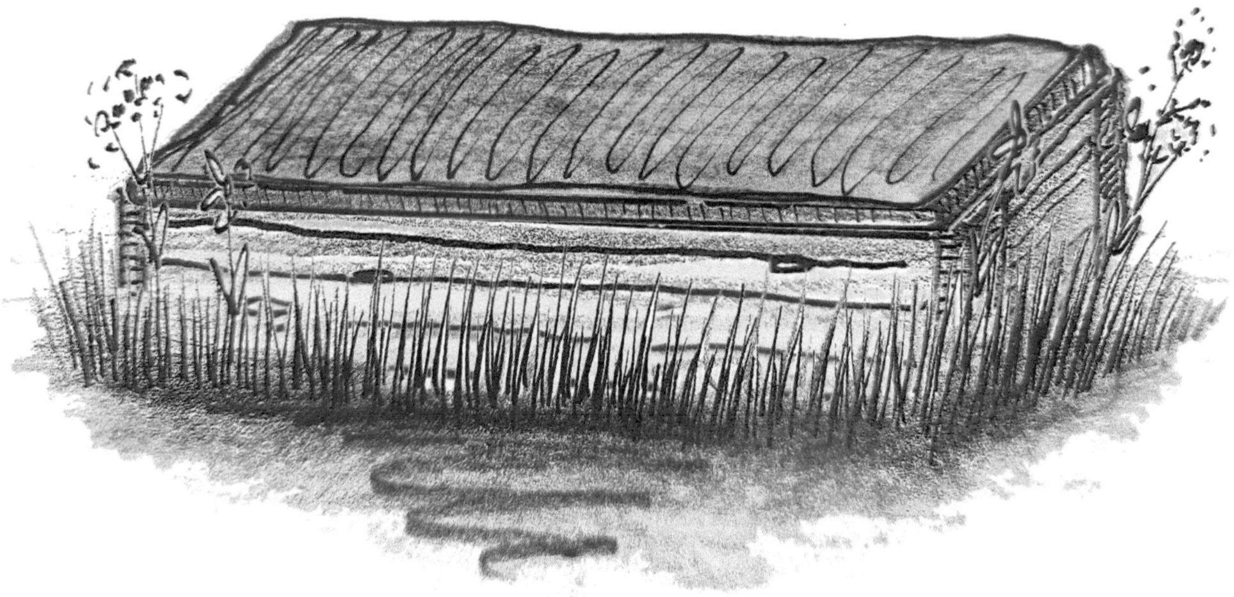

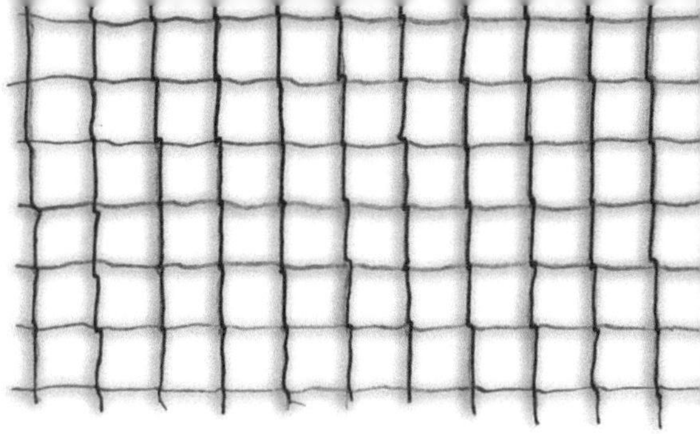

MATERIALLISTE

- Schaufel oder Spaten
- Handschuhe
- 3 bis 4 Palettenrahmen
- Holzbretter für die Abdeckung
- Holzschutzmittel und Pinsel
- Teichfolie oder Ähnliches zum Schutz der Abdeckklappe
- Hand-Holzbohrer oder Bohrmaschine
- Eventuell Heißklebepistole
- Wühlmausgitter
- Tacker oder Hammer und Nägel
- Gemüsekisten aus Kunststoff (mit vielen Luftlöchern)

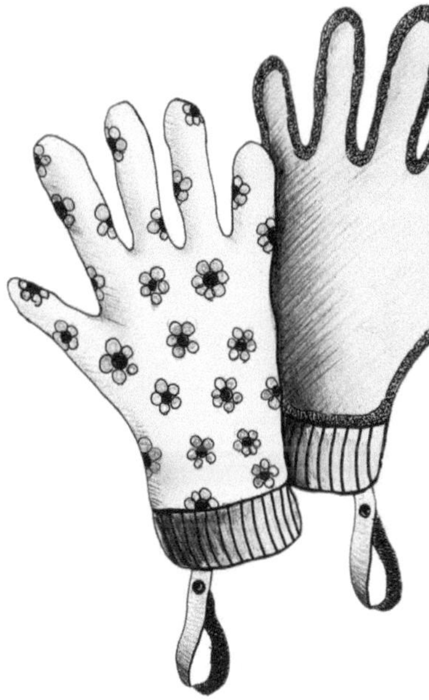

DER BAU DES ERDKELLERS

SCHRITT 1 Sie brauchen für Ihren Erdkeller ein Erdloch, das ungefähr 60 cm tief in die Erde reicht – also ran an den Spaten. Die Maße des Erdaushubs sollten etwas größer sein als die Palettenrahmen, welche eine Fläche von 80 x 120 cm umfassen. Drumherum kann ein kleiner Zwischenraum sein, der mit Blättern von Walnussbäumen aufgefüllt werden sollte. Zudem müssen Sie die Rahmen bei Bedarf noch greifen können.

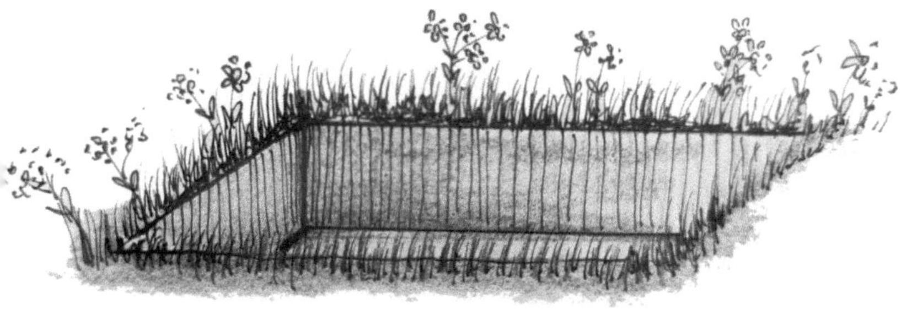

Schritt 1:
Das Erdloch ausheben.

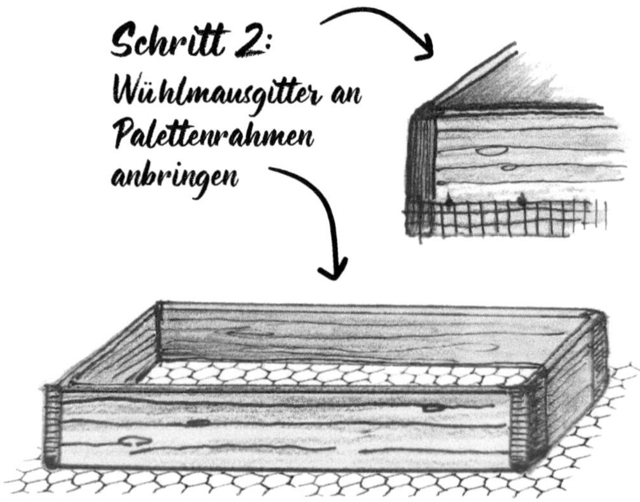

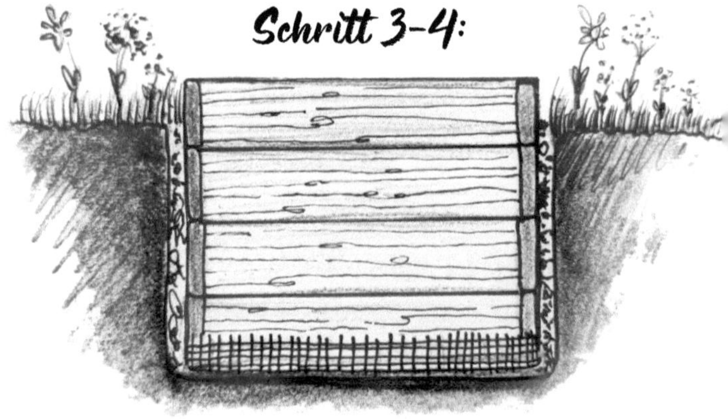

SCHRITT 2 Bevor Sie den ersten Palettenrahmen in das Erdloch setzen, tackern oder nageln Sie unter den aufgebauten Rahmen das Wühlmausgitter rundherum von außen am Rahmen fest, sodass keine Nagetiere hindurchschlüpfen können.

SCHRITT 3 Den ersten Rahmen unten fest in die Erde drücken, eventuelle Unebenheiten vorher auffüllen und ausgleichen. Der Rahmen hat Metallecken, die ihn in der Erde stabilisieren.

SCHRITT 4 Nun die restlichen Rahmen aufstapeln, bis der Erdkeller mit einer Rahmenhöhe aus der Erde ragt. Achten Sie darauf, dass zwischen den Seitenbrettern keine Ritzen sind. Zum einen sollen keine Tiere rein, zum anderen soll die Erde nicht in den Erdkeller rutschen können.

SCHRITT 5 Jetzt bauen Sie den Deckel für Ihren Erdkeller. Dieser sollte etwas über die Kistenränder hinausragen, also überstehen. Für den Deckel benötigen Sie mehrere gleich lange Bretter aus der genannten Materialliste, die dicht aneinandergelegt den Erdkeller über die gesamte Länge bedecken. Zudem brauchen Sie zwei Bretter, die der Breite des Erdkellerrahmens entsprechen. Sie müssen von Innenkante zu Innenkante reichen und möglichst dicht abschließen. Dann wackelt der Deckel nicht. Diese beiden kurzen Bretter schrauben Sie von außen direkt unter die langen Bretter, sie liegen am Ende im Innenraum des Erdkellers. Deshalb ist es sinnvoll, die Schrauben von außen zu setzen. Jedes Deckbrett wird also zweimal festgeschraubt.

SCHRITT 6 Setzen Sie den Deckel auf den Erdkeller und dichten Sie ihn von oben mit der Teichfolie oder Dachpappe ab. Diese sollten Sie um die Ränder schlagen und von innen nageln oder tackern.

Schritt 5

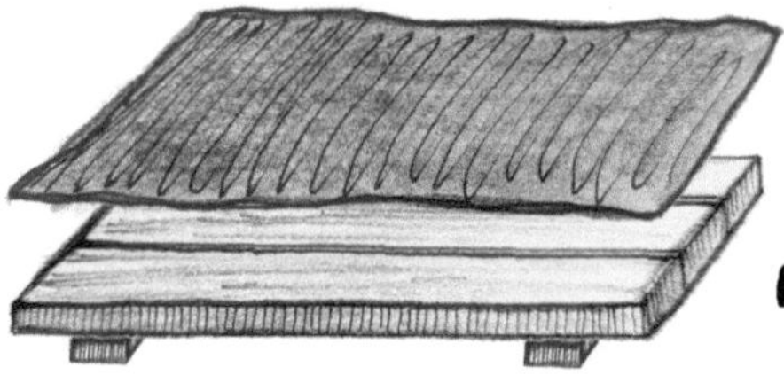

Schritt 6

Deckel mit Styroporabdichtung:

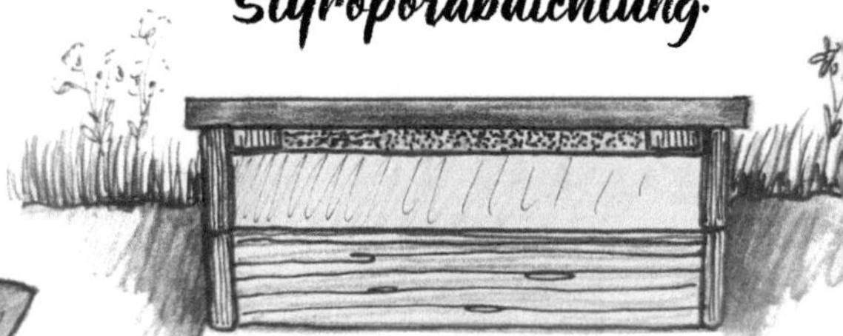

Tipps zum Abschluss

a) Praktisch wären zwei Scharniere, um die Abdeckung nicht immer komplett abheben zu müssen. Schrauben Sie die Scharniere mit der einen Hälfte an eine Längsseite der Abdeckung und der anderen Hälfte an den Rahmen. So schließt die Abdeckung besser und es ist für Tiere schwieriger, die Abdeckung aufzustoßen und für Sie bequemer auf Ihre Vorräte zugreifen zu können.

b) Dichten Sie die Abdeckklappe von innen mit etwas Styropor ab. Dieses sollte so angepasst werden, dass es exakt in den Rahmen des Erdkellers passt und mit dessen Rändern abschließt. Dies dient der Isolation und erschwert es Mäusen, sich durch eventuelle Spalten Zugang zu verschaffen.

c) Sortieren Sie Ihre Ernte in Kunststoff-Obstkisten, die viele Luftlöcher haben. Sie können auch Holzkisten verwenden, doch diese verwittern schnell. Die Obstkisten aus Kunststoff halten viele Jahre und sind wasserfest. Zudem sieht sie unter der Erde niemand außer Ihnen.

d) WAS KANN IM ERDKELLER GELAGERT WERDEN?
Vorrangig frisches Wurzelgemüse und Kohl, welches erst im Herbst geerntet wurde. Dazu zählen Kartoffeln, Zwiebeln, Karotten, schwarzer und weißer Rettich, Rote Beete, Topinambur, Grünkohl, Rotkohl, Kohlrabi und viele andere Gemüsesorten. Außerdem auch Streuobst wie Äpfel, Birnen und Pflaumen.

e) DIE VORTEILE DES ERDKELLERS
Ein Erdkeller zeichnet sich dadurch aus, dass er in die Erde gebaut wird und zum Erdreich hin offen ist. In unserer Anleitung ist der Erdkeller unten durch das Wühlmausgitter hindurch offen. So nimmt der kleine Lagerraum die Kühle und die permanent gegebene Feuchtigkeit der Erde auf. Diese Feuchtigkeit ermöglicht dem Gemüse, die eigene Feuchtigkeit und Festigkeit zu bewahren und lange haltbar zu bleiben. Je nachdem, wie gut die Ernte war, können Sie mit dieser Lagerhaltung durch den Winter kommen und sich selbst versorgen, ohne weiteres Gemüse kaufen zu müssen.

STAKETENZAUN – GÜNSTIG, BELIEBT UND SCHNELL SELBST GEBAUT

Der Staketenzaun – im Handel gelegentlich auch Rollzaun genannt – ist aufgrund seiner schlichten Bauweise ganz sicher einer der ältesten Zäune. In den letzten Jahren wurde er wiederentdeckt und erfreut sich zunehmender Beliebtheit. Kein Wunder, denn Sie können ihn sowohl für Abgrenzungen innerhalb Ihres Gartens einsetzen als auch als schützenden Gartenzaun für Ihr Grundstück. Gerade wenn Sie die Zeit bis zum Kauf eines teuren, langen Gartenzauns überbrücken müssen, eignet sich der Staketenzaun als kostengünstige Alternative. Vermutlich finden Sie ihn dann – wie die meisten Menschen – so individuell, nachhaltig und kreativ, dass Sie ihn behalten werden. Sein Vorteil ist, dass Sie ihn schnell selbst bauen können. Noch schneller – und günstiger – wird der Aufbau mit vorgefertigten Staketenzaunelementen. Diese sind in der Regel aus Haselnuss-, Kastanienholz und der Meter Zaun kostet – nach unseren Recherchen – nicht unter 10 Euro.

Es ist empfehlenswert, die Holzstaketen aus einem der oben genannten Hölzer in möglichst großer Länge und Stückzahl zu kaufen und sie selbst auf die gewünschte Länge zu kürzen. Günstig erwerben können Sie die Staketen eventuell bei einem heimischen Förster in Ihrem Landkreis. Bedenken Sie, dass Sie das Holz meistens direkt von einer Stelle im Wald selbst abholen müssen. Zudem kann es sein, dass Sie unbehandelte Zweige und Äste erhalten, die Sie selbst noch zu Staketen verarbeiten müssen. Das bedeutet, Sie müssen die Rinde selbst abschälen und mit einer Axt die Enden anspitzen. Dafür benötigen Sie geeignetes Werkzeug.

Der Zaun kann innerhalb des Gartens durchaus komplett ohne Pfosten oder mit nur zwei Pfosten am Durchgang auskommen. Als Gartenzaun braucht er jedoch auf die gesamte Länge Stützpfosten. Wir beschränken uns in unserer Anleitung auf Staketen aus dem eigenen Garten und einen Staketenzaun, der das Gemüsebeet oder den Auslauf der Hühner einzäunt, wo er ohne Stützen auskommt.

DER AUFBAU

Wir empfehlen zunächst jeweils Elemente von 50 cm Breite zu verdrahten. Auf diese Weise können Sie mit mehreren Personen arbeiten und sind schneller fertig. Sie entscheiden, wie blickdicht und stabil Ihr Staketenzaun sein soll. Daraus errechnet sich Ihr Bedarf an Staketen pro Element. Zudem kommt es auf den Durchmesser der einzelnen Staketen an. Unterschiedliche Durchmesser gestalten den Zaun optisch interessanter und erhöhen die Stabilität.

MATERIALLISTE

- Holzstaketen
- Spanndraht
- Eventuell Stützpfosten
- Flachzange
- Arbeitshandschuhe
- Gummihammer, um die Staketen in die Erde zu treiben

Zu Schritt 1:

Zu Schritt 2:

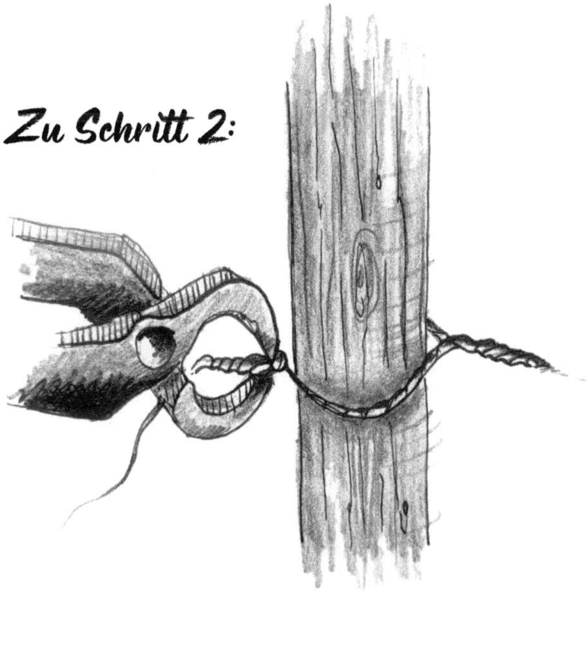

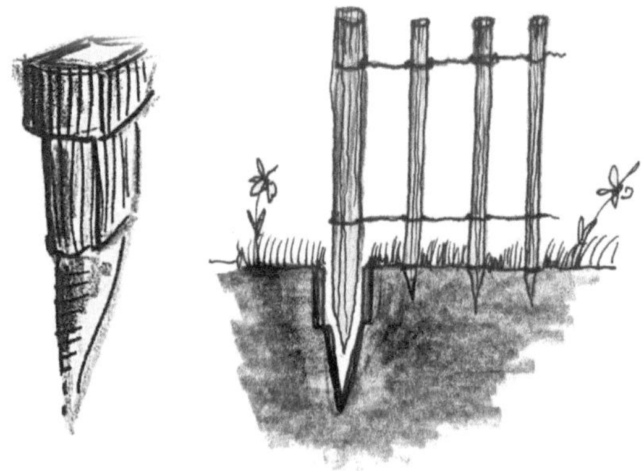

Schritt 3:

Zur Stabilisierung der Pfosten empfiehlt es sich diesen mit einer Einschlagbodenhülse zu verankern. (siehe Querschnitt links)

Für Elemente bis zu 100 cm Höhe reichen zwei Reihen Spanndraht. Diese sollten gleichmäßig in einem Abstand von ungefähr 30 cm zu den jeweiligen Staketenenden verlaufen. Der Spanndraht besteht aus zwei Drähten, die miteinander verwickelt werden. Sie haben also insgesamt vier Drähte, zwei oben, zwei unten an den Staketen. Kürzen Sie die Drähte auf einen Meter Länge, um besser arbeiten zu können. Sie können jederzeit Draht neu ansetzen, deshalb können Sie auch mit noch kürzeren Drähten anfangen.

SCHRITT 1 & 2 Sie beginnen mit einer Stakete und legen diese auf Ihre Arbeitsfläche oder den Boden. Geben Sie großzügig etwas Draht vor und verdrehen Sie jeweils die beiden Drahtenden. Nun legen Sie die erste Stakete zwischen die Drähte und messen den Abstand zu den Staketenenden. Stimmt der Abstand, verdrehen Sie mit der Flachzange den Draht eng an der Stakete, sodass diese fest vom Draht umschlossen und gehalten wird. So arbeiten Sie weiter, bis Ihr Staketenzaun genügend Elemente hat, die Sie nun bis zur gewünschten Zaunlänge aneinanderfügen können.

SCHRITT 3 Für einen besonderen Abschluss können Sie an den Enden der Zaunumrandung je einen Pfosten setzen. Um die Pfosten zu stabilisieren, sollten Sie sie in einer Einschlagbodenhülse verankern. Einschlaghülsen lassen sich einfach entfernen und umsetzen, falls Sie den Zaun versetzen möchten.

Tipp 1 *Ein Staketenzaun soll rustikal aussehen und kann gern verwittern. Deshalb eignet sich auch das sogenannte grüne Holz gut für diesen Zaun. Fragen Sie beim Förster danach.*

Tipp 2 *Einzelne Staketen lassen sich ganz einfach auswechseln und auch ergänzen, wenn Ihnen der Abstand an einigen Stellen zu groß geraten ist.*

Tipp 3 *Andererseits hält sich jedes Holz länger, wenn Sie es vorab mit Holzschutzmittel behandeln.*

EIN INDIVIDUELLES GARTENTOR

Ein fertiges Gartentor kaufen kann jeder. Es gibt auch mehr als genug davon. Meistens hat diese Fertigware aber nicht die richtige Größe oder passt nicht zum Stil des Gartens und entspricht auch nicht im Entferntesten dem Design, das Sie sich wünschen. Nun, das Selbermachen ist nicht schwer. Bitte sehen Sie es uns nach, dass wir in dieser Anleitung keine genauen Maße vorgeben. Dem zugrunde liegt, dass die Anforderungen an ein Gartentor in hohem Maße individuell sind. Aber mit unserer Schritt-für-Schritt-Anleitung und den dazugehörigen Illustrationen wird es Ihnen leicht fallen, ein Tor in den für Sie perfekten Maßen anzufertigen.

GUTE GRÜNDE FÜR EIN HOHES, RUSTIKALES GARTENTOR

Benötigen Sie vielleicht einen Hintereingang für Ihren Garten, der hoch genug ist, dass nicht jeder hinüberklettern kann? Oder haben Sie ein kaputtes Gartentor, das Sie liebend gern ersetzen möchten – es gibt im Handel nur keines, das Ihre Maße hat?
Vielleicht möchten Sie nur etwas mehr Ausblick in die Landschaft hinter einer dicht bewachsenen Hecke haben. Ein Gartentor in eine Hecke gesetzt wird zu einem Hingucker, verschafft dem Garten mehr Tiefe und Ihnen mehr Ausblick. Mit einem Gartentor können Sie auch innerhalb des Gartens bestimmte Bereiche voneinander abgrenzen. Beispielsweise um Kinder vom Spielen und Naschen im Gemüsegarten fernzuhalten. Wir zeigen Ihnen, wie einfach und schnell Sie ein Gartentor selbst bauen können!

ÜBERLEGUNGEN UND VORBEREITUNGEN

Lassen Sie sich mit der Planung Zeit. Messen Sie die Öffnung für das Gartentor ganz genau und berücksichtigen Sie die Breite der eventuell benötigten Torpfosten, falls keine vorhanden sind. Für die Torpfosten nehmen Sie am besten 7,5 x 7,5 cm-Kantholz. Das Tor besteht aus einem äußeren Massivholzrahmen, welcher die Stabilität des Gartentors gewährleistet.

Dieser Rahmen kann beispielsweise mit Latten gefüllt oder mit Sperrholz ganz geschlossen werden. Passend zum vielleicht vorhandenen Gartenzaun können Sie auf dem Rahmen auch Zaunlatten anbringen.
Für ein Tor mit einer Höhe bis zu 120 cm reichen zwei Querstreben. Bei höheren Gartentoren müssen es drei sein. Zudem werden zusätzliche Kanthölzer diagonal angebracht, damit sich das Tor nicht verzieht. In unserem Beispiel beschreiben wir den Bau eines hohen Gartentors mit 3 Querstreben. Sie können dieses Beispiel natürlich individuell an Ihre Anforderungen anpassen.

SCHRITT 1 Schneiden Sie die Pfosten und Querstreben zu und ebenso den eventuell gewünschten Formschnitt an den Pfostenspitzen. An den Pfosten müssen Sie die sogenannten Zapfenlöcher anreißen. In diese werden später die Querbretter (Querstreben) der Rückseite Ihrer Pforte eingefügt. Die Zapfenlehre dafür auf halbe Dicke der Querstreben einstellen. Sie benötigen je ein Loch im Abstand von 15 cm von oben und von unten sowie eines in der Mitte des Pfostens.

SCHRITT 2 Bohren Sie die Zapfenlöcher vor und arbeiten Sie diese mit Holzhammer und Stechbeitel fein aus. Die Löcher sollten so sitzen, dass die Rückseiten der Querbretter Ihres Gartentors mit den Rückseiten der Pfosten abschließen.

SCHRITT 3 An den Enden der Querstreben sägen Sie die Zapfen auf die Breite der Pfosten sowie auf die halbe Dicke Ihrer Querstreben/-bretter zu.

SCHRITT 4 Tragen Sie an Pfosten und Querstreben reichlich Holzschutzmittel auf und arbeiten Sie dieses besonders gründlich in die Zapfenlöcher ein. Bevor nun der Torrahmen zusammengebaut wird, lassen Sie alles gut trocknen.

SCHRITT 5 Schlagen Sie die Zapfen der Querstreben in die vorgearbeiteten Löcher der Pfosten. Sollte eines etwas zu eng sein, helfen Sie vorsichtig mit dem Holzhammer nach. Klappt dies nicht, müssen Sie das Loch noch einmal etwas mit dem Stechbeitel nacharbeiten. Abschließend befestigen Sie die Querstreben mit drei der verzinkten Nägel, welche Sie durch jede Fuge schlagen müssen.

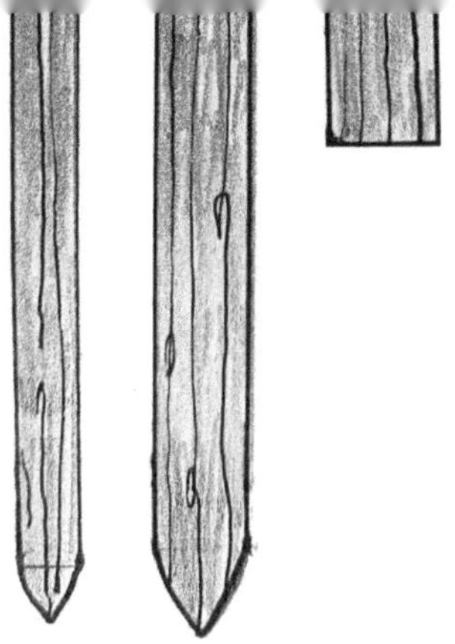

Schritt 1-3:

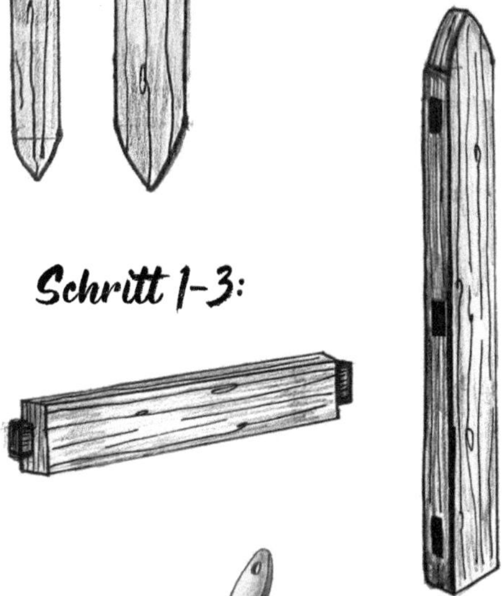

Schritt 4:

Schritt 5:

MATERIALLISTE

- 7,5 x 5 cm-Weichholz für die senkrechten Pfosten
- 7,5 x 3,5 cm-Weichholz für Querstreben und Diagonalen
- 7,5 x 1,25 cm-Weichholz für die Zaunlatten
- Scharniere & Riegel
- Hammer
- 40 mm-Nägel verzinkt
- Zapfenlehre
- Stechbeitel
- Fuchsschwanz
- Bleistift
- Rückensäge
- Bohrmaschine oder Bohrschrauber und Holzbohrer
- Schraubenzieher
- 7,5 cm-Holzschrauben
- Anschlagwinkel
- Holzschutzmittel

SCHRITT 6 Der Rahmen Ihres Gartentors ist nun fertig. Nun müssen Sie ihn exakt vermessen und dann die Diagonalen zuschneiden. Dabei sägen Sie an beiden Enden im 45-Grad-Winkel. Behandeln Sie auch die Diagonalen – besonders an beiden Enden – gründlich mit Holzschutzmittel.

SCHRITT 7 Die Diagonalen werden bei jeder Tür auf der Innenseite der Tür üblicherweise nach rechts aufsteigend montiert, sodass mit der jeweils oberen und unteren Querstrebe ein ‚Z' entsteht. Dadurch verlaufen sie immer von unten am Scharnierpfosten nach oben am Klinkenpfosten. Verbinden Sie in der beschriebenen Form die Diagonalen mit dem Rahmen, indem Sie sie auf der schmalen Kante von oben mit versenkten Holzschrauben befestigen.

SCHRITT 8 Zum Schluss schneiden Sie die Zaunlatten für Ihr Gartentor zu. Denken Sie gegebenenfalls an den Formschnitt für das obere Ende der Zaunlatten. Dafür haben wir im nächsten Abschnitt weitere Vorschläge und Ideen. Nachdem Sie alles zugeschnitten haben, behandeln Sie alles noch einmal gründlich mit Holzschutzmittel. Lieber zu viel als zu wenig. Sobald alles getrocknet ist, nageln Sie die Zaunlatten mit den verzinkten Nägeln an Querstreben und Diagonalen fest.

DIE ABSCHLUSSARBEITEN

DIE PFOSTEN ZUM EINHÄNGEN DES GARTENTORS BEFESTIGEN

Bedenken Sie, dass jedes Tor kräftig und robust sein muss, wenn es das unvermeidliche Zuknallen und eine häufige Nutzung aushalten soll. Deshalb muss der Rahmen verstärkt werden und Scharniere sollten Sie aus massivem, rostfreien, lackierten Metall wählen. Die Scharniere bieten aber nur an einer Seite halt. Deshalb muss der Rahmen verstärkt werden, indem Sie die Torpfosten im Boden verankern oder aber sie an einer angrenzende Mauer mithilfe von Dübeln anschrauben. Achten Sie bei der Montage der Pfosten darauf, dass die Pfosten senkrecht stehen. Bei einer schiefen Mauer können Sie notfalls mit Holzkeilen nachhelfen, um den Pfosten senkrecht ausrichten zu können. Messen Sie vorher ab, auf welcher Höhe Sie die Schrauben setzen möchten und tragen Sie dies an Wand und Pfosten ab.

DAS GARTENTOR EINHÄNGEN

1. Zuerst schrauben Sie die Scharniere am Tor fest. Nun überprüfen Sie, ob die Querstreben waagerecht liegen, indem Sie das Tor mit dem Scharnier an den Außenpfosten anlehnen. Markieren Sie am Pfosten die Löcher der Scharniere, bohren Sie diese vor und schrauben Sie alles fest.

2. Sie entscheiden, wo der Türgriff oder Schnapper sitzen soll. Bei einigen Torriegeln kann es notwendig sein, mit einem Stechbeitel eine kleine Nut auszustechen, damit Griffe oder Hebel sich leicht bewegen lassen.

3. Überprüfen Sie, ob sich alles frei und ungehindert bewegen lässt, bevor Sie schließlich den Riegel an der Innenseite des Gartentors und die Halterung am Pfosten festschrauben.

Schritt 6–7:

Schritt 8:

Tipps zum Abschluss

Denken Sie daran, Ihre Tore zu Ihrer Sicherheit regelmäßig auf Stabilität zu überprüfen. Achten Sie dabei besonders auf die Schrauben an Scharnieren und Riegel. Auch die Zaunlatten des Gartentors können sich lösen und nicht zuletzt sollten Sie das Holz jährlich im Frühjahr mit Holzschutzmittel nachbehandeln. Derart gepflegt werden Sie an Ihrem selbst gebauten Gartentor lange Freude haben.

Gute Ratschläge zum Schluss

- Bauen Sie das Tor aus kräftigem Holz. Wenn Sie sich für ein Weichholz entscheiden, tragen Sie reichlich Holzschutzmittel auf, denn Weichholz nimmt mehr Flüssigkeit auf.

- Wenn Sie Kinder oder Haustiere oder beides haben, bringen Sie eine gefederte Schließanlage an, damit das Tor nach Gebrauch von selbst wieder zuklappt.

- Bringen Sie zur Sicherheit einen kräftigen Riegel an, wenn es sich um einen Hinter- oder Seiteneingang zum Garten handelt. Positionieren Sie den Riegel so, dass keiner ihn aufschließen kann, indem er die Hand über oder durch das Tor streckt. Es gibt inzwischen schon Gartentor-Riegel mit Zahlenschloss oder Kindersicherung.

Individuelle Tor- & Zaunlatten

Gartenzäune, insbesondere jene Zäune mit senkrechten Latten oder Brettern, sehen in der Regel ziemlich langweilig aus. Wenn Sie es fantasievoller und kinderfreundlich gestalten möchten, binden Sie Ihre Kinder in dieses Projekt mit ein. Es geht darum, Schablonen für die Zaunköpfe oder besser gesagt die oberen Enden der Zaunlatten zu entwerfen. Viele Vorlagen lassen sich in den Malbüchern der Kinder finden – oder im Internet, wenn Sie nach Zaunköpfen suchen. Diese Bastelarbeit ist auch für ungeübte Heimwerker ein Projekt, welches allen Beteiligten viel Freude macht.

Sie können ganz fantasievoll mit Farben und Formen spielen. Wer bereits Erfahrungen mit Laubsägearbeiten gemacht hat, wird auch dieses Projekt schnell umsetzen können.

MATERIALLISTE

- Gartenzaun mit senkrechten Latten oder Brettern
- Papier & Bleistift
- Durchschlagpapier
- Eventuell Kopierer/Drucker zum Vergrößern / Verkleinern der Motive
- Arbeitstisch oder Werkbank
- Stichsäge
- Evtl. Akkubohrer oder Bohrmaschine
- Wetterschutzfarben nach Wunsch
- Einen Pinsel

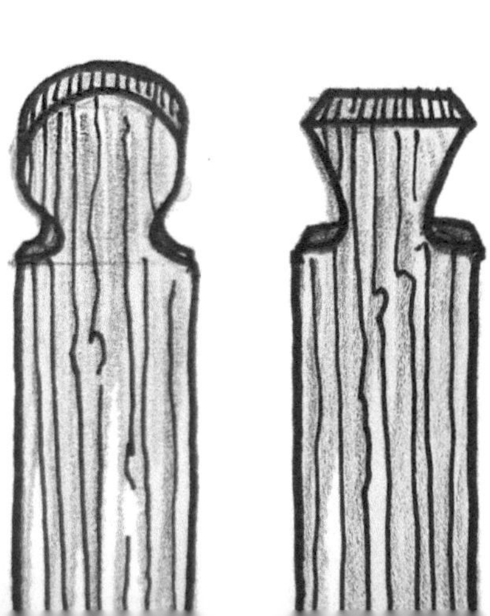

SO GEHEN SIE VOR:

1. Suchen Sie sich vielleicht zunächst einfache Vorlagen heraus. Vielleicht haben Sie eine hübsche Plätzchenform aus der Küche, die Sie gern verwenden möchten oder Sie zeichnen eine Fantasiefigur frei Hand. Bleiben Sie bei einfachen Umrissen, beispielsweise von Tieren und Natursymbolen. Ein Katzenkopf, ein Stern, ein Eichhörnchen im Profil, eine Blume, ein Baum, eine Mondsichel. Sie können jedes Zaunbrett anders gestalten, deshalb sammeln Sie ruhig zunächst einige Vorlagen aus Kinderbüchern oder aus dem Internet.

2. Übertragen Sie die Form – egal in welcher Größe – auf ein Blatt Papier. Dann überprüfen Sie direkt am Zaun, ob diese Figur auf das Zaunbrett passt. Sie können jede Vorlage mithilfe eines Kopierers vergrößern oder verkleinern. Bedenken Sie, die Form muss komplett auf den Zaunkopf passen, am Fuß der Form mit dem Zaun verbunden bleiben und darf nicht zu winzig werden. Vielleicht beginnen wir in unserem Beispiel mit einer einfachen Baumform, bestehend aus einem Stamm, der sich nach unten hin bis auf die Breite des Zaunbretts verbreitert und oben eine Baumkrone trägt, die einer Wolke ähnelt.

3. Entfernen Sie nun das zu bearbeitende Zaunbrett und legen Sie es auf die Werkbank. Dort übertragen Sie Ihre Vorlage mit etwas Durchschlagpapier (Blaupause) auf den Zaunkopf.

4. Mit der Stichsäge sägen Sie nun entlang der aufgezeichneten Umrisse den Baum aus. Wer in die Baumkrone mit einigen Ästen ergänzen möchte, kann dies über Aussparungen erreichen. Sicherheitshalber sollten Sie die Äste in ihren Umrissen vorzeichnen.

5. Dann bohren Sie zunächst ein kleines Loch in einen der aufgezeichneten Äste. Durch dieses Loch muss das Sägeblatt der Stichsäge passen. Sie führen die Stichsäge hinein und sägen entlang der Umrisse. Zum Schluss drücken Sie das ausgesägte Holz heraus. Sie wissen nun, dass Sie sowohl in der Positivform als auch in der Negativform arbeiten können. Eine Mondsichel können Sie beispielsweise in seinen Umrissen aussägen, sodass die Positivform als Zaunkopf stehen bleibt oder aber Sie sägen die Mondsichel aus dem Holz heraus, sodass seine Negativform zu sehen ist und das Zaunbrett ihn umschließt.

6. Schruben Sie nun das fertige Zaunbrett wieder an Ihren Zaun und nehmen Sie sich das nächste Brett vor. Sie können auch Fantasieprofile von Gesichtern ausarbeiten und diese so drehen, dass sie sich paarweise ansehen. Seien Sie kreativ! Wir wünschen viel Vergnügen.

STEINGARTEN IN EINEM TROG AUS NATURSTEIN

Pflanzgefäße aus Natursteinen fügen sich harmonisch in jeden Garten ein und sind dennoch immer wieder ein Hingucker. Beachten Sie, dass alle Pflanzgefäße nie direkt den Boden berühren sollten. Dadurch ist zum einen der Wasserabfluss einfacher möglich und zum anderen verhindert der Bodenabstand, dass diese Gefäße durch den Frost im Winter platzen oder sonstige Schäden erleiden. Zusätzlich schützen Sie alle Pflanzgefäße durch das Umwickeln und Einpacken mit Styropor oder Luftpolsterfolie und dekorativer Jute zur Ummantelung.

Alte Steintröge oder auch Spülbecken aus Keramik sind formschöne Pflanzbehälter für Gebirgs- und Steinpflanzen sowie für alle Zwiebelpflanzen und auch für Primeln, Stiefmütterchen, Männertreu und andere einjährige Blumen.

Diese Steintröge wurden früher für Pferde und andere Tiere als Tränken aufgestellt. Sie standen sowohl auf Höfen als auch auf Weiden und zur Zeit der Pferdekutschen auch auf öffentlichen Plätzen. Echte alte Tröge sind heute nur noch selten zu finden. Einige Baumärkte und Gartencenter bieten günstige Nachbildungen an. Wir verraten Ihnen gleich, wie Sie sich so einen Trog aus Tuffstein selbst bauen können. Zunächst geht es aber um den Mini-Steingarten in einem Trog.

DER OPTIMALE STANDORT

Ihr Steintrog sollte an einem sonnigen und windstillen Platz im Garten stehen und keine Hanglage haben. Ein echter Trog hat in der Regel bereits mindestens ein Abflussloch, meistens mittig in dem abgeschrägten Boden, sodass Wasser schnell abfließen kann. Sollte Ihr Trog kein Abflussloch haben, müssen Sie mindestens eines in den Trogboden hineinbohren.

Sollten der Boden altersbedingt bereits löchrig sein, belassen Sie es dabei. Decken Sie die Löcher mit Scherben oder kleineren Steinen oder mit verzinktem kleinmaschigen Maschendraht ab. Die Nährstoffe der Kompost- oder Pflanzerde sollen möglichst lange im Trog bleiben. Bedecken Sie den Boden mit Kies oder Blähton. Darauf geben Sie Ihre Komposterde vermischt mit 1/3 feinem Kies. Zudem sollten Sie kleine bis mittelgroße Natursteine oder -stücke untermischen und einen Teil davon in verschiedenen Größen zur Dekoration der Erdoberfläche aufheben.

FESTER STAND

So ein Natursteintrog ist kein Leichtgewicht. Sein einmal gewählter Standort muss daher dauerhaft sein können. Dort muss er waagerecht stehen und sollte den bereits erwähnten Bodenabstand von maximal 40 cm haben. Als Standfüße können große Natursteine oder auch gealterte Backsteine dienen. Möglich wäre auch, im einen Sockel aus Back- oder Natursteinen zu bauen und ihn obenauf mit etwas Mörtel zu fixieren – aber den Wasserabfluss nach hinten zu ermöglichen. Im Laufe der Zeit wird dieses Kunstwerk verwittern, Socken und Trog optisch miteinander verschmelzen und immer schöner werden.

Er braucht also einen festen Stand, freien Wasserabfluss und etwas Höhe, um zum Hingucker zu werden. Durch die Höhe können Sie ihn in bequemer Haltung bepflanzen und pflegen. Sollten Sie das Glück haben, mehrere Steintröge zur Verfügung zu haben, lohnt es sich, diese in unterschiedlichen Höhen als Ensemble aufzustellen.

STEINGARTEN IN EINEM TROG AUS NATURSTEIN

DER PFLANZPLAN FÜR DEN MINI-STEINGARTEN

- Alte Tröge aus Naturstein sind grau. Deshalb sollten Sie dafür sorgen, dass die Bepflanzung einen frischen und bunten Kontrast zum Gefäß bildet.

- Suchen Sie nach langsam wachsenden, kompakten und/oder niedrig wachsenden Pflanzen. Diese verbrauchen nicht so viele Nährstoffe, was sie pflegeleicht macht.

- Versuchen Sie, höhere Pflanzen entweder in die Mitte des Trogs oder nach hinten zu setzen und die kleineren in den Vordergrund. Hänge- und Kriechpflanzen kommen ganz an den Rand, wo sie gern überhängen und den Mini-Garten weich und natürlich erscheinen lassen.

PFLANZEMPFEHLUNGEN FÜR DEN KLEINEN STEINGARTEN

Bitte beachten Sie bei all den hier genannten Pflanzen die jeweiligen Bedürfnisse, die Sie online oder bei Ihrem Gärtner erfahren können. Für den Mini-Steingarten eignen sich viele Gebirgspflanzen und Steingartenpflanzen, deshalb kann die folgende Liste nur als Anregung gelten.

- Der Steinbrech (Saxifraga oppositifolia) blüht üppig in kräftigem Rosarot.
- Die Primula farinosa ist eine Primelart und trägt kleine, runde hellrosa Blüten an langen Stielen.
- Das Vergissmeinnicht blüht lila bis dunkelblau und vermehrt sich von Jahr zu Jahr.
- Lithops ist eine aus Afrika stammende Sukkulente, trägt gelbe bis weiße Blüten und trägt den Spitznamen ‚Lebendige Steine'. Diese Pflanze braucht eher sandigen Boden und nur selten ein wenig Wasser.
- Echeverie (Echeveria) ist eine Sukkulente, die nicht höher als 15 cm wächst und in 150 verschiedenen Arten vorkommt. Sie blüht auffällig und ist ansonsten immergrün.
- Das flammende Käthchen (Kalanchoe blossfeldiana) ist in Deutschland bekannt und beliebt, denn es ist pflegeleicht, wächst und blüht üppig und – je nach Sorte – in kräftigen Farben.
- Das Alpenglöckchen und die Alpennelke gehören mit auf Ihre Liste, denn das Alpenglöckchen blüht zart und ist ansonsten immergrün, während die Alpennelke einen Laubteppich bildet, der zur Blütezeit über und über mit rosaroten Blüten bedeckt wird.
- Das Steinkraut (Alyssum) blüht in kleinen weißen Blüten und gehört definitiv an den Rand des Trogs, wo es sich hinüberhängt und weiter ausbreiten wird. Lassen Sie es wachsen, denn seine weißen Blüten erfreuen die Augen.

Eine Keramikspüle mit Tuffstein zum Natursteintrog umbauen

Sollten Sie keinen alten Steintrog finden, können Sie sich diesen auch einfach selbst gestalten. Haben Sie beispielsweise noch eine alte Spüle oder ein vergleichbares wannen-artiges Gefäß im Keller, können Sie dieses einfach mit Tuffstein verkleiden und so zum alten Steintrog werden lassen.

Die Mischung für den Tuffstein entsteht aus 2 Teilen Torf oder Torfersatz, und zu je einem Teil aus grobem Sand und Zement. Da jede Spüle anders ausfällt, können wir keine exakten Mengenangaben machen.

MATERIALLISTE

- Keramikspüle
- Grobes Schleifpapier
- Bindemittel
- Torf oder Torfersatz
- Feiner Maschendraht
- Grober Sand
- Zement
- Eimer
- Wasser
- Handschuhe

DER UMBAU – SCHRITT FÜR SCHRITT ERKLÄRT

SCHRITT 1 Die Keramikspüle hat außen wie innen eine glatte Oberfläche. Dennoch lässt sie sich verkleiden. Sie schleifen die Glasur mit dem Schleifpapier außen und über den Rand etwas nach innen überall an, damit zunächst das Bindemittel und anschließend die Tuffsteinschicht dort halten.

Der Innenraum wird bei der Bepflanzung durch die Erde verdeckt, sodass Sie ihn aussparen können. Wer mag, kann selbstverständlich auch die gesamte Spüle mit Tuffstein ummanteln, muss dann aber auch den Innenraum anritzen und den Abfluss aussparen.

SCHRITT 2 Nun tragen Sie auf der Spüle eine Schicht Bindemittel auf – überall dort, wo Sie die Spüle mit Tuffstein verkleiden möchten. Auf dem Bindemittel haftet der Tuffstein besser.

SCHRITT 3 Sieben Sie für die gesamte Masse zwei Teile (2/4) Torf oder Torfersatz in den Eimer, geben Sie einen Teil (1/4) groben Sand und einen Teil (1/4) Zement hinzu. Nun vermischen Sie die Masse und rühren sie mit dem Wasser zu einer dicken Paste an.

SCHRITT 4 Ziehen Sie die Handschuhe an und tragen Sie mit Ihren Händen die Masse außen und bis über den Beckenrand nach innen auf. Die Schicht dieses Substrats sollte ungefähr 2 cm dick aufgetragen werden und ist im Idealfall uneben und ein bisschen krumm und schief wie die Wände eines alten Trogs. Auf diese Weise wird das verkleidete Spülbecken schnell verwittert aussehen. Wer alles verkleiden möchte, trägt die Masse auch gleich innen auf – den Abfluss bedecken Sie vorher mit verzinktem Maschendraht und lassen ihn ansonsten frei. Wenn Sie auch den Boden von außen mit Tuffstein bedecken möchten, müssen Sie warten, bis die Seiten getrocknet sind, bevor Sie das Spülbecken zum Verkleiden umdrehen können. Sparen Sie auch dort den Abfluss aus.

SCHRITT 5 Sobald alles fertig ist, muss die Tuffsteinschicht trocknen. Das dauert voraussichtlich einige Tage. Anschließend können Sie Ihre ehemalige Keramikspüle mit Erde befüllen und bepflanzen.

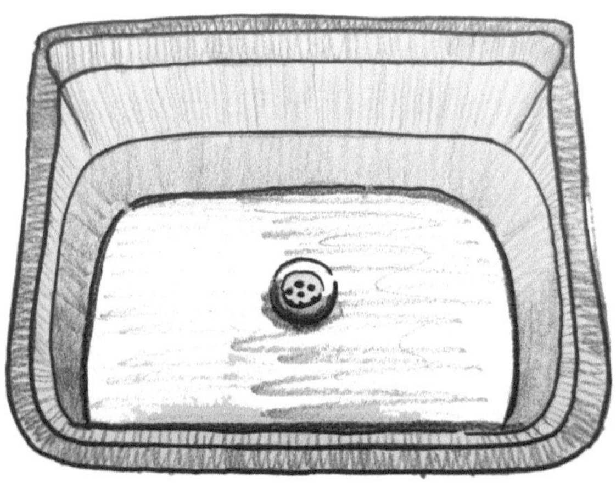

Schritt 3
Torf, Sand, Zement und Wasser zu einer Masse mischen.

Schritt 4
Bedecken Sie den Abfluss mit etwas verzinktem Maschendrahtzaun. Tragen Sie dann die Masse mit den Händen auf.

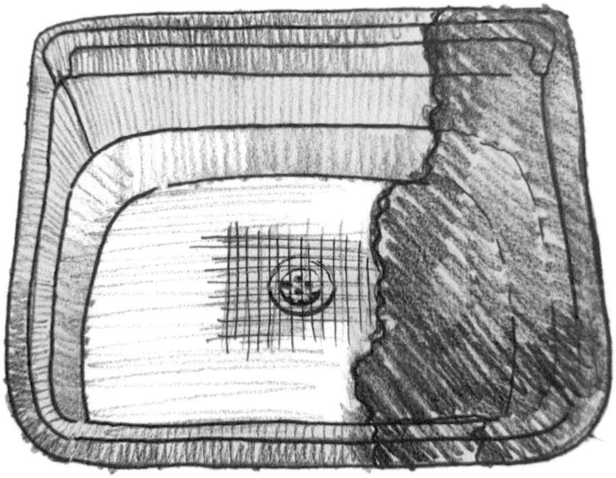

Schritt 5
Einige Tage trocknen lassen, dann mit Erde befüllen und bepflanzen.

Trog und Steingefäße selber gießen

Sie haben weder einen echten alten Trog aus Naturstein noch eine alte Keramikspüle? Dann zeigen wir Ihnen jetzt, wie Sie sich selbst aus Tuffstein einen Trog gießen können. Um ein Gefühl für die Größe der Kisten zu bekommen, werfen Sie am besten einen Blick auf die Illustrationen.

SO GELINGT DER TROG – SCHRITT FÜR SCHRITT

SCHRITT 1 Sie benötigen zunächst zwei Kisten aus den Sperrholzplatten. Die kleinere Kiste muss in der größeren Kiste mit gleichem Abstand zu allen Seiten stehen können. Arbeiten Sie möglichst exakt. Für Anfänger ist es einfacher, quadratische Kisten zu fertigen. Die Grundflächen sind schnell zurechtgeschnitten. Dann benötigen Sie pro Kiste vier gleich große Seitenteile und vernageln diese mit dem Boden zu einer Kiste. Es ist wichtig, hier so zu nageln, dass sich die Kisten später leicht auseinandernehmen lassen. Gelingt Ihnen die Kiste nicht so exakt, sondern etwas krumm und schief, kann das am Trog später durchaus charmant wirken.

SCHRITT 2 Jetzt haben Sie zwei Kisten, die ineinander passen. Mit dem Pinsel tragen Sie in der größeren Kisten innen Öl auf und an der kleineren Kiste außen. Vergessen Sie bei der kleinen Kiste den Boden von unten nicht! Das bewirkt, dass die Tuffsteinschicht später nicht am Holz festklebt.

SCHRITT 3 Das Anrühren der Tuffsteinmischung erfolgt wie oben bereits beschrieben in entsprechender Menge. Sobald die Paste schön klebrig ist, legen Sie damit den Boden der großen Holzkiste gute 2,5 cm dick mit der Masse aus. Nun schneiden Sie den Maschendraht auf die Bodenfläche der Kiste zu und legen ihn darüber, um anschließend eine weitere 2,5 cm dicke Schicht aufzutragen. Der Draht verstärkt die Wände Ihres selbst gebauten Trogs.

SCHRITT 4 Auch Ihr selbst gebauter Trog braucht Abflusslöcher. Für diese sorgen die Holzdübel. Sie schieben nun mehrere Holzdübel durch den Tuffstein und den Maschendraht, um im Boden des fertigen Steintrogs Abflusslöcher zu haben.

SCHRITT 5 Jetzt stellen Sie die kleinere Sperrholzkiste in die große und direkt auf die Tuffsteinmasse. Schneiden Sie den Maschendraht für die Seitenwände des Trogs so zu, dass er als Verstärkung genau mittig in den Freiräumen für die Außenwände steht. Achten Sie darauf, dass der Draht gerade steht.

MATERIALLISTE

- Grober Sand & Zement
- Torf oder Torfersatz
- Sperrholz für zwei Kisten (die Maße und Größe des Trogs bestimmen Sie)
- Verzinkter Maschendraht zur Verstärkung
- Ein Stück Kantholz zum Festklopfen
- Holzstäbe & Holzdübel oder Weinkorken
- Hammer & Nägel
- Kleine Maurerkelle
- Pinsel & Öl
- Plastikfolie
- Säge
- Meißel

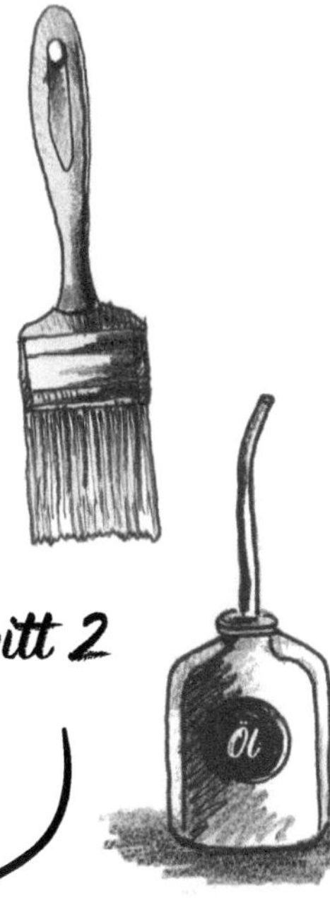

Schritt 2

Schritt 1

Schritt 5

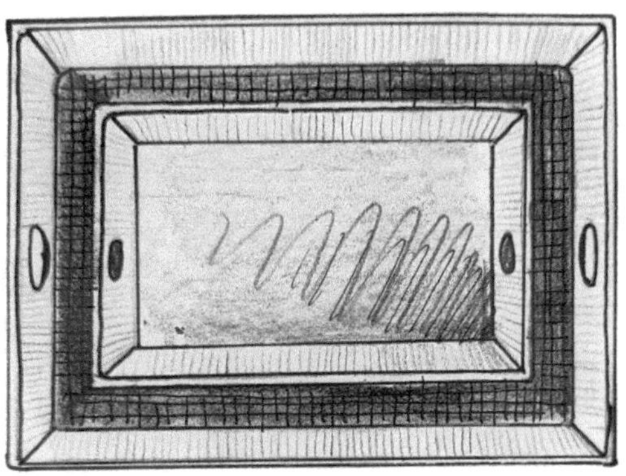

Schritt 3:

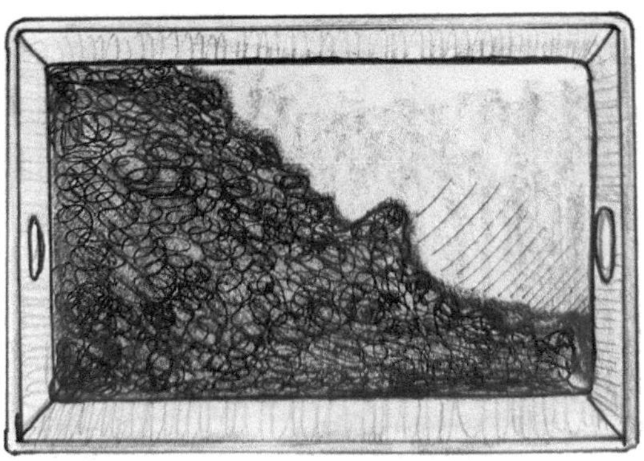

SCHRITT 6 Stellen Sie sich am besten den Eimer mit der Tuffsteinmasse in die Mitte der kleineren Kiste, das erleichtert diesen Arbeitsschritt etwas. Mit der Kelle geben Sie nun zu beiden Seiten des Maschendrahts die Tuffsteinmischung hinein. Arbeiten Sie langsam und vorsichtig, sodass der Maschendraht mittig stehen bleibt. Mit dem Kantholzstück klopfen Sie jede aufgetragene Schicht fest. Es dürfen keine Löcher oder Lücken entstehen. So arbeiten Sie sich voran, bis die große Kiste bis zum Rand gefüllt ist.

SCHRITT 7 Decken Sie abschließend die Kiste mit Plastikfolie oder Frischhaltefolie zu. Der Tuffstein braucht ungefähr eine Woche, um durchzutrocknen und fest zu werden.

SCHRITT 8 Nach einer Woche können Sie eventuell die Nägel der äußeren Holzkiste mit einer Zange entfernen oder aber einfach die Sperrholzwände mit Hammer und Meißel vorsichtig abschlagen. Dann nehmen Sie langsam die kleinere Kiste heraus.

Mit Gummihandschuhen haben Sie dabei eine bessere Griffigkeit. Abschließend trennen Sie Ihren neuen Tuffsteintrog vom Sperrholzboden.

SCHRITT 9 Um den Trog nicht so neu aussehen zu lassen, können Sie den Verwitterungsvorgang beschleunigen. Dafür rauen Sie die Oberfläche des Trogs mit Hammer und Meißel oder einer Drahtbürste rundherum an und bestreichen alles mit Flüssigdünger. Auf diese Weise werden Moos und Algen Ihren selbst gebauten Tuffsteintrog schnell bewachsen und wie ein uraltes Original aussehen lassen.

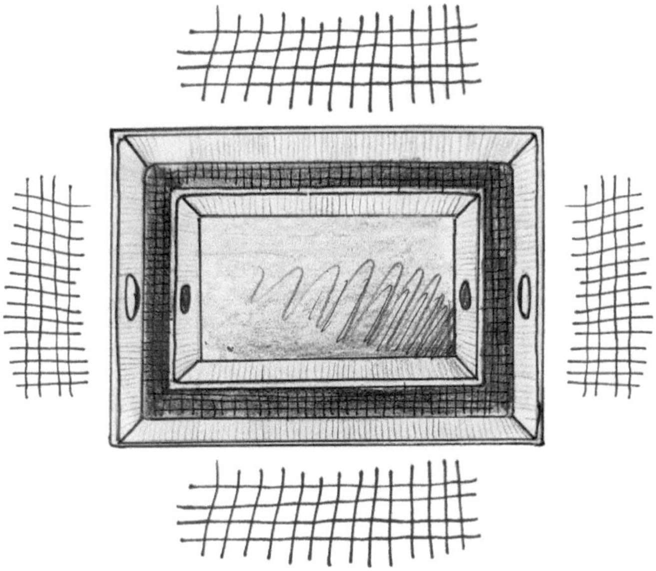

Schritt 5
Maschendraht zuschneiden und genau mittig in die Freiräume für die Außenwände platzieren.

Schritt 6
Tuffsteinmasse mit einer Kelle zu beiden Seiten des Maschendrahts hineingeben.

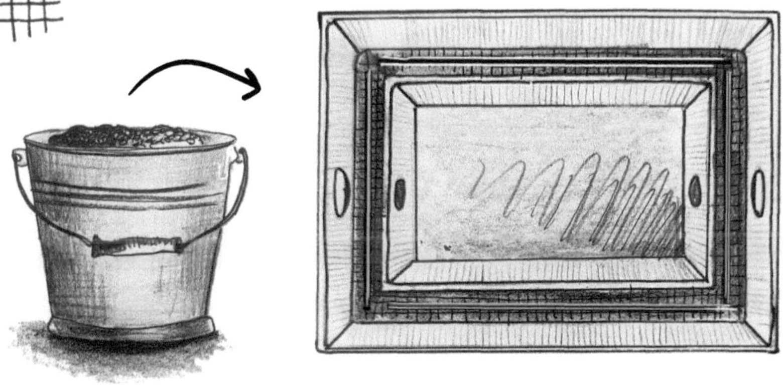

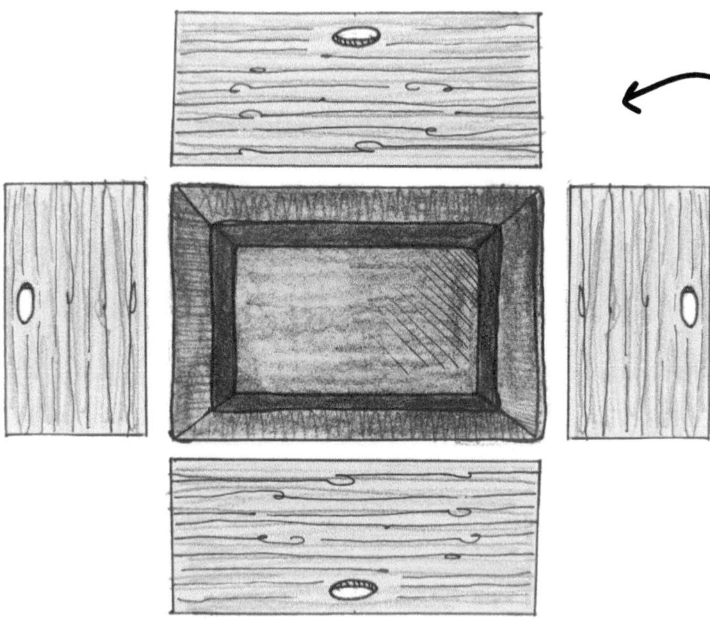

Schritt 8
Nach ca einer Woche Sperrholzwände mit Hammer & Meißel vorsichtig abschlagen.

FEUERSTELLE IM GARTEN

Eine Feuerstelle im Garten vermittelt das Gefühl von Freiheit, wenn es sich um einen Lagerfeuerplatz handelt. Leider ist eine derartige Feuerstelle nicht immer überall gestattet. Informieren Sie sich am besten auf den Webseiten der örtlichen Bauvorschriften für Haus und Garten.

Ein Gartenkamin kann als Feuerstelle und Grill dienen und – sofern er gemauert wurde – auch als Sichtschutz. Er gilt gemeinhin als sicherer im Vergleich zur offenen Feuerstelle. Wir haben allerdings eine schöne Idee dafür, wie Sie sich eine offene Feuerstelle selbst bauen können. Es wird ein Upcycling für alle Reste von Dachziegeln, Back-, Kiesel- oder Natursteinen in Ihrem Garten.

AUS DACHZIEGELN

Wir finden die Dachziegelvariante optisch besonders interessant. Wie viele genau Sie benötigen hängt von Form und Größe der Dachziegel ab, deshalb können wir keine genauen Angaben machen. Sehen Sie sich die Illustrationen an um ein Gefühl dafür zu bekommen. Für die Variante aus Backsteinen finden Sie im nächsten Abschnitt eine etwas andere Bauform.

SO GEHEN SIE VOR:

SCHRITT 1 Zunächst legen Sie den Boden frei. Jedes Unkraut und eventuelle Grassoden müssen entfernt werden. Nun ziehen Sie einen Kreis mit circa 1,50 m Durchmesser. Graben Sie diesen ungefähr spatentief aus oder etwas tiefer als ein Dachziegel breit ist.

SCHRITT 2 Bilden Sie den Mittelkreis, indem Sie diese Stelle mit Sand befüllen.

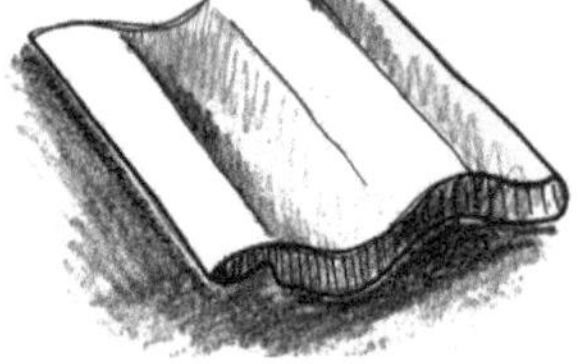

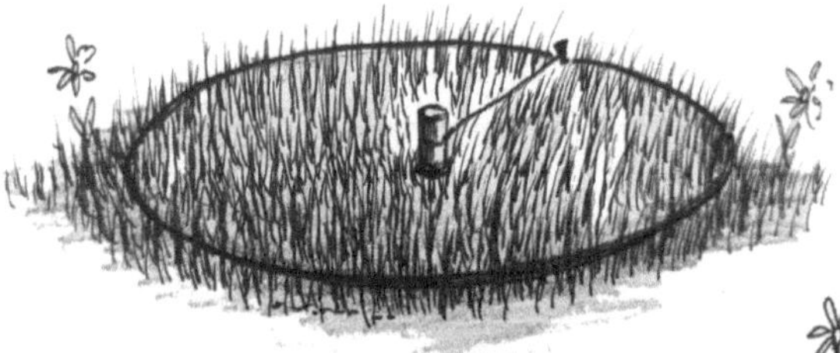

Schritt 1
Boden freilegen, Kreis ziehen und ungefähr spatentief ausheben.

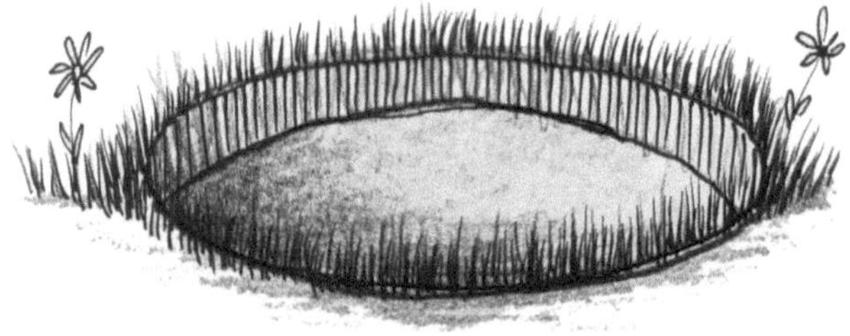

MATERIALLISTE DACHZIEGEL

- Sehr viele alte gebrannte Dachziegel
- Jede Menge hellen Sand
- Spaten
- Holzstöckchen & Schnur (für die Abemssung)

MATERIALLISTE MAUERZIEGEL

- Sehr viele Natur-, Back-, oder Ziegelsteine
- Sand & Kies
- Spaten
- Eventuell alte Steinplatten
- Holzstöckchen & Schnur (für die Abemssung)

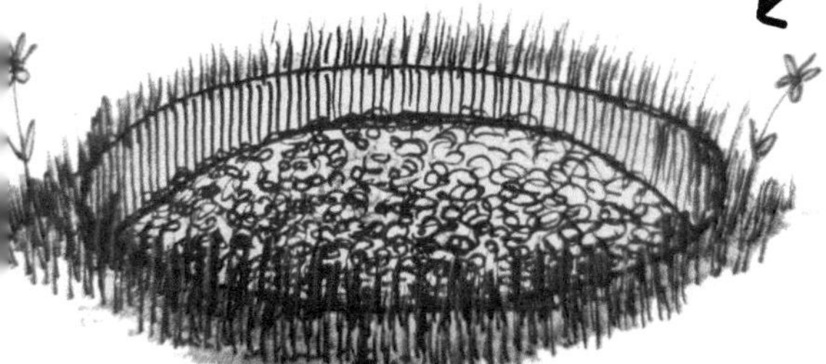

Schritt 2

Stelle des Mittelkreis mit Sand befüllen.

SCHRITT 3 Anschließend schichten Sie die Dachziegel auf einer Längsseite liegend um den Mittelkreis Ziegel für Ziegel nebeneinander, bis der Kreis geschlossen ist. Danach füllen Sie um den Dachziegelkreis einen weiteren Kreisring, mindestens so breit wie der Dachziegelkreis mit Sand auf, bis er die gleiche Höhe hat.

SCHRITT 4 Verfahren Sie so weiter, bis Ihr Feuerplatz den gewünschten und sicheren Umfang hat und beenden Sie den Feuerkreis mit einem Sandring.

SCHRITT 5 Abschließend gießen Sie losen Sand zwischen alle verlegten Dachziegel und fegen diesen zwischen die Ritzen, sodass die Ziegel nicht mehr wackeln und betreten werden können.

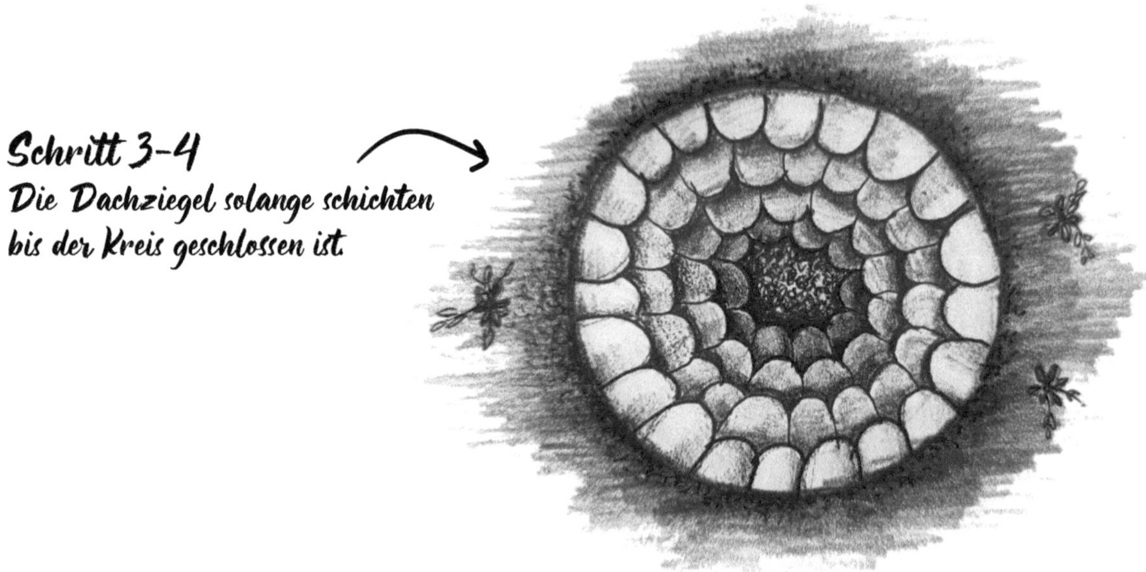

Tipps

Selbstverständlich funktioniert diese Bauweise auch mit einem Mix aus verschiedenen feuerfesten Materialien. Damit lassen sich die Dachziegel- oder Steinringe auch in Mustern legen. Hübsche Legemuster gelingen auch, wenn Sie mit verschiedenfarbigen Dachziegeln arbeiten.

AUS MAUERZIEGELN

SCHRITT 1 Mit Mauerziegeln beginnen Sie auch damit, wie oben in Schritt 1 beschrieben, den Boden freizulegen und im Anschluss spatentief bzw. etwas tiefer als die Breite eines Ziegels auszuheben.

SCHRITT 2 In Schritt drei füllen Sie in die Grube eine Schicht von 2-3 cm mit Kies. Den Kies können Sie grob per Hand ebnen.

SCHRITT 3 Anschließend werden die Mauerziegel ringsum an die Wand des Aushubs gestellt. Füllen Sie auch hier die Hohlräume zwischen den Ziegeln mit Sand, sodass die Ziegel am Ende fest stehen und halt haben.

SCHRITT 4 Legen Sie nun zusätzlich den Boden rings um das Loch von Unkraut und Grassoden frei. Bei der Breite der freigelegten Fläche können Sie sich an der Breite von ein bis zwei Ziegeln orientieren.

SCHRITT 5 Um dem Ganzen die finale Stabilität zu geben, geben Sie eine Schicht Sand auf die Ziegel und den freigelegten Kreis um das Loch herum. Nun können Sie Steinplatten so auf die Ziegel legen, dass diese an der Innenseite der Ziegel abschließen. Füllen Sie den Freiraum zwischen den Ziegeln mit Sand auf. Um die restliche von Rasen freigelegte Fläche zu bedecken, können Sie nun ein Gemisch aus Sand und Kies auf die bereits gestreute Sandschicht geben.

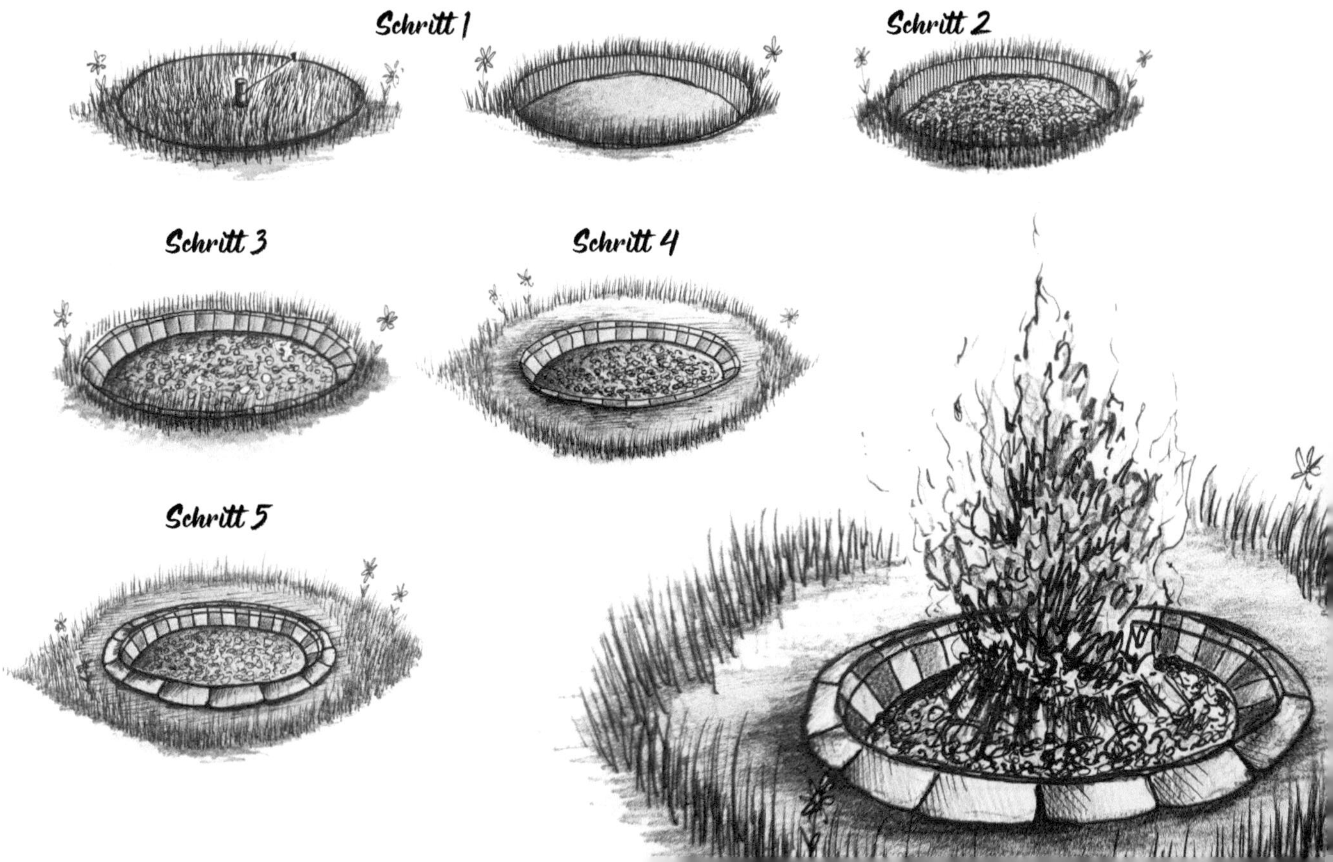

PFLANZTISCH

Beim Pflanztisch, der gelegentlich auch Werkbank für den Garten oder ähnliche Bezeichnungen bekommt, sind drei Merkmale entscheidend:

a) Die Arbeitsfläche sollte wie ein Wickeltisch aufgebaut sein und an den Seiten sowie hinten einen Rand haben, sodass beim Ein- oder Umtopfen die Gartenerde nicht zu allen Seiten vom Tisch weht, sondern nur nach vorn abgefegt werden kann.

b) Die Arbeitsfläche sollte die richtige Höhe für bequemes Umtopfen haben. Die Höhe ist ideal, wenn Sie beim Hantieren auf dem Pflanztisch mit entspannten Schultern arbeiten können und diese nicht (unbewusst) hochziehen.

c) Die Arbeitsfläche sollte glatt sein. Pflanztische aus dem Handel haben eine Arbeitsfläche aus Holz, die mit Aluminium überspannt ist. Das Aluminium umschließt in der Regel auch die Kanten und sollte vor allem an der vorderen Tischkante über die Kante gebogen und dort oder unter der Arbeitsfläche fixiert sein. Diese vordere Kante erleichtert die notwendige Reinigung der Arbeitsfläche. Das Aluminium dient generell vor allem dem Schutz des Holzes vor Feuchtigkeit.

EINEN ALTEN TISCH ZUM PFLANZTISCH UMBAUEN

Die einfachste Bauweise für einen Pflanztisch gelingt mit einem ausgedienten Tisch als Untergestell und einem wasserfest beschichteten Holz, das Sie als Arbeitsplatte fertig kaufen. Sollten Sie kein ausrangiertes Tischgestell haben, können Sie sich auch auf einfache Weise eines selbst bauen.

MATERIALLISTE

- Holzpfosten mit einem Durchmesser von 5x5 cm
- Schrauben
- Schraubenzieher oder Akkuschrauber
- Holzsäge

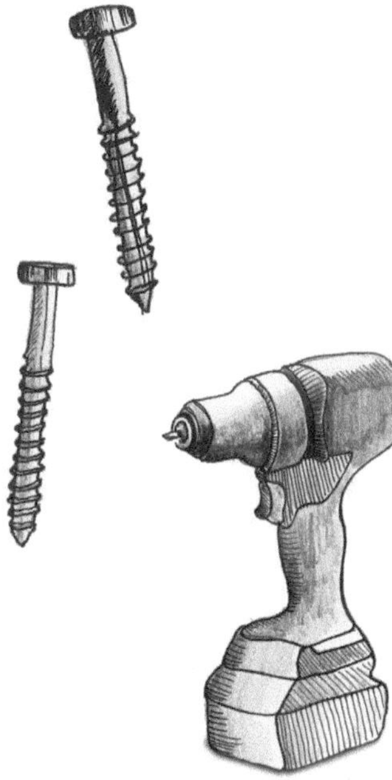

Die Länge der Pfosten ist dabei abhängig von der gewünschten Höhe, Breite und Tiefe Ihres Tisches. Eine Beispielrechnung: Ihr Tischgestell soll 1 m hoch, 1,1 m breit und 0,5 m tief sein. Dann benötigen Sie für das komplette Gestell 5x1 m und 4x0,5 m, also 7 m Latten.

SCHRITT 1 Sägen Sie die Latten in die richtige Länge. Wie im Beispiel veranschaulicht benötigen Sie dabei 4 Tischbeine in der Höhe, die das Gestell haben soll. Zusätzlich brauchen Sie 4 Querverstrebungen in der Breite des Tisches.

SCHRITT 2 Legen Sie eine Querstrebe auf das Ende von 2 Tischbeinen und Schrauben Sie diese fest.

SCHRITT 3 Nun legen Sie eine zweite Querstrebe etwas unterhalb der halben Pfostenlänge auf die Pfosten und schrauben Sie diesen ebenfalls fest.

SCHRITT 4 Verfahren Sie genauso bei den anderen beiden Tischbeinen und Querverstrebungen.

SCHRITT 5 Nun wird der letzte übrig gebliebene Pfosten als Strebe zwischen die beiden Tischgestellseiten geschraubt. Hierzu wird dieser mittig in die beiden Querstreben aus Schritt 2 geschraubt, um dem Gestell auch ohne Tischplatte eine gewisse Stabilität zu geben.

SCHRITT 6 Die aufmontierte Arbeitsplatte sollte maximal 15 bis 20 cm länger sein als die Tischplatte beziehungsweise das selbst gebaute Gestellt, damit der Tisch nicht kippt. Bei der Arbeitsplatte müssen Sie die Maße der Kanten einrechnen, denn diese werden von der Platte abgesägt.

SCHRITT 7 Die drei Kanten sollten ungefähr 7 bis 10 cm hoch sein. Sie werden von außen mit Holzschrauben an die Tischplatte geschraubt. Zum Schluss werden erst die Arbeitsfläche auf den Tisch geschraubt und abschließend alle Kanten mit Schleifpapier abgeschmirgelt.

Für noch mehr Platz und Stauraum empfehlen wir, eine zweite Ebene einzuziehen, indem Sie einfach eine passende Platte auf die unteren Querstreben legen und verschrauben. Hier können Sie einfach Ihre Erde lagern. Der tiefe Schwerpunkt verleiht dem Tisch auch noch zusätzliche Stabilität.

Als abschließender Tipp: Sie können sich Tischplatte und Rückwand individuell an Ihre Bedürfnisse anpassen. Eventuell benötigen Sie eine Schüssel im Tisch versenkt oder ein kleines Regal als Rückwand für Ihre Werkzeuge und Töpfe? Gestalten Sie sich den Tisch nach Ihren eigenen Wünschen, seien Sie einfach kreativ und mutig. Probieren Sie es aus.

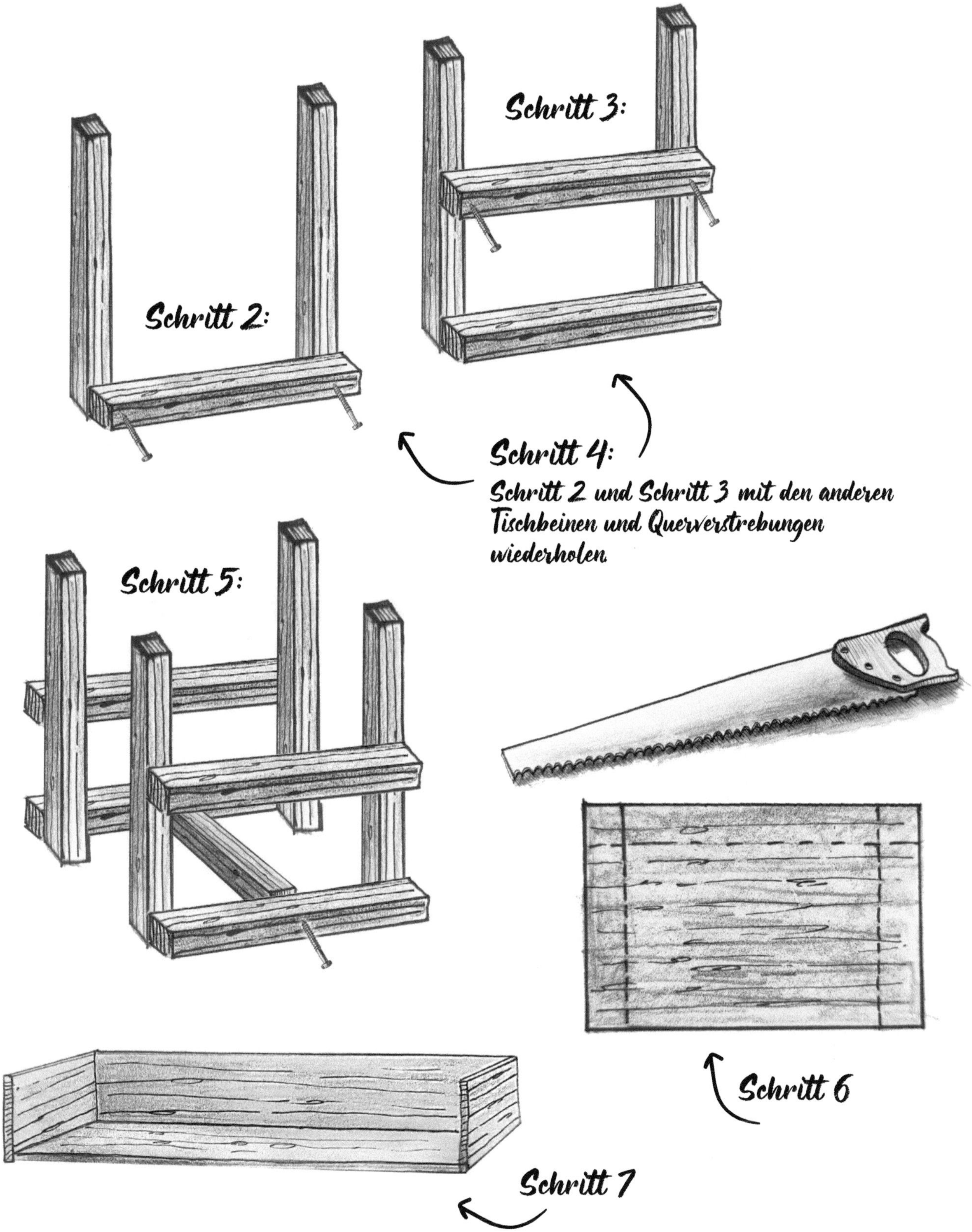
Schritt 3:
Schritt 2:
Schritt 4:
Schritt 2 und Schritt 3 mit den anderen Tischbeinen und Querverstrebungen wiederholen.
Schritt 5:
Schritt 6
Schritt 7

GARTENWEGE

SCHAFFEN SIE IHRE EIGENEN WEGE ZUR ENTSPANNUNG

VERSCHÖNERN SIE IHREN GARTEN DURCH WEGE

Die Wege gehören zu den wesentlichen Merkmalen eines Gartens, denn der gesamte Gartenbereich sollte leicht zugänglich sein. So können Sie bequem die Gartenarbeit verrichten und den Garten aus allen Blickwinkeln genießen. Praktische Wegstrecken verlaufen gerade von einem Punkt zum anderen. So ein Weg wird den Garten optisch teilen. Vielleicht möchten Sie das, um Bereiche abzutrennen. Interessant angelegte Wege zeigen nicht gleich die gesamte Wegstrecke, sondern verlaufen kurvig. Das macht neugierig und lädt zum Schlendern durch den Garten ein – ist aber vielleicht bei der Gartenarbeit unpraktisch. Wie Sie sehen, sind Wege unerlässlich und ein wichtiges Gestaltungselement. Sie dienen als Übergang oder Bindeglied von einem Gartenbereich in den nächsten. Deshalb sollten Sie über die Streckenführung Ihrer Gartenwege gut nachdenken. Gartenwege wirken oft sehr funktional. Das muss nicht sein, denn Sie können Ihre Wege auch so gestalten, dass sie den Garten verschönern. Dabei kann jeder Weg anders aussehen. Wenn Sie noch auf der Suche nach dem optimalen Weg für Ihren Garten sind, bieten wir Ihnen hier Inspiration und Vorschläge.

ÜBERLEGUNGEN FÜR DIE PLANUNG

- Bedenken Sie bei der Streckenplanung Ihrer Wege, dass gerade Wege formstreng sind und die Gartenfläche teilen, während kurvige Wege zwangloser und natürlicher wirken.

- Überlegen Sie gut, wie breit Ihre Wege sein sollen. Zwei Menschen benötigen nebeneinander gehend mindestens 90 cm Breite. Ein schmalerer Weg kann durch sich ausbreitende Pflanzen und Rasen schnell noch enger werden und schließlich zuwachsen.

- Sollte der Weg einen Rasen durchqueren, bedenken Sie, dass dieser regelmäßig gemäht wird. Der Weg sollte daher knapp unterhalb des Rasens liegen, sodass der Rasenmäher gefahrlos darüber hinweg mähen kann.

Kies gilt als ein vielseitiger Belag für Wege, Parkplätze und Einfahrten. Er passt sich strengen und auch zwanglosen Formen an. Dadurch haben Sie alle Gestaltungsmöglichkeiten. In Farbe und Struktur sollten Sie eine natürliche Farbgebung wählen. Weißer Kies wird durch Wind und Wetter schnell unansehnlich. Ansonsten passt Kies zu jeder Bepflanzung. Er ist zudem rutschfest und wasserdurchlässig, sodass er auch im Winter gut begehbar ist und keine Gefahr darstellt. Ein weiterer Vorteil ist, dass der Kiesweg den Boden nie vollständig versiegelt. Er lässt sich direkt auf festgewalzter Erde verlegen beziehungsweise verteilen. Aber Sie sollten zunächst eine Schicht aus grobem Kies ungefähr 5 cm hoch verlegen und darauf eine ungefähr halb so hohe (2,5 cm) Schicht aus feinem Kies auswalzen. Zudem brauchen die Wegkanten eine Einfassung, die verhindert, dass sich der Kies in Rasen und Beeten verteilt.

Dafür eignen sich verschiedene Materialien wie Backsteine, Natursteine, normale Kantsteine, Zierkantsteine aus Ton oder Beton und auch Holz. Los gehts!

VORARBEITEN

Wenn Sie sich für eine Wegeinfassung aus Holz entscheiden, sollten Sie dieses satt mit Holzschutzmittel einstreichen und bei der Verlegung an dessen Außenkante zur Stabilisierung kurze Pfähle in den Boden rammen, die ebenfalls Holzschutz benötigen. Auch möglich wären die zu Rollen verarbeiteten Beeteinfassungen aus Holz. Auch diese brauchen viel Holzschutz, bevor Sie sie als Wegkante verarbeiten.

Zwei Tipps vorab

Ein Kiesweg benötigt kein aufwendiges Fundament, aber seine Tiefe muss überall einheitlich und gleichbleibend sein. Die Tiefe messen und überprüfen Sie am einfachsten mit einem Holzbrett.

1. Für einen Kiesweg nach unserer Anleitung verwenden Sie als Messgerät ein 7,5 cm breites Holzbrett. Schneiden Sie das Brett in seiner Länge auf die Breite des Weges zu, sodass Sie in einem Vorgang die Tiefe über die gesamte Wegbreite überprüfen können. Messen Sie stets an mehreren Stellen, um sicher zu sein, dass Tiefe und Breite des Weges stimmen.

2. Ein anderes und längeres Stück eines 7,5 cm breiten Holzbretts legen Sie mit seiner schmaleren Kante auf den Weg. Die Länge des Bretts sollte so bemessen sein, dass Sie gleichmäßigen Druck ausüben können. Sie arbeiten parallel zu den Wegkanten beziehungsweise den noch gespannten Richtschnüren und bewegen das Brett auf seiner Kante hin und her. So erkennen Sie alle Höhen und Tiefen, die noch zu begradigen sind.

MATERIALLISTE KIESWEG

- Richtschnüre und Setzhölzer
- Bruchsteine
- Sand und feinen Kies für die obere Schicht
- Ballast (Mischung aus grobem Kies und Sand)
- Rechen, Spaten und Schaufel
- Gartenwalze (evtl. mieten oder ausleihen)
- Schubkarre

Kiesweg

DEN KIESWEG VERLEGEN – SCHRITT FÜR SCHRITT

SCHRITT 1 Zuerst stecken Sie mit Richtschnüren und Setzhölzern die Streckenführung und Breite des geplanten Weges ab. In die Berechnung der Breite gehört auch die vorgesehene Einfassung des Weges. Lassen Sie sich Zeit bei diesem Schritt. Überprüfen Sie immer wieder, ob der Verlauf des Weges Ihnen gefällt. An dieser Stelle können Sie noch alles ändern!

SCHRITT 2 Eventuell im Verlauf des Weges liegende Grassoden müssen zwischen den beiden Schnüren sorgfältig abgetragen werden. Graben Sie die Grassoden vorsichtig und dick aus, denn dann können Sie diese an anderer Stelle wieder einpflanzen. Der Mutterboden sollte etwas mehr als 7,5 cm abgetragen werden, damit die oben genannten Kiesschichten hineinpassen. Überprüfen Sie die Tiefe.

SCHRITT 3 Untersuchen Sie den nun offen liegenden Boden nach weichen Stellen. Sollten Sie welche finden, füllen Sie diese mit Bruchsteinen auf. Das stabilisiert den Untergrund. Andernfalls wird der Weg an den weichen Stellen in der Erde schnell absacken.

SCHRITT 4 Nun kommt die Gartenwalze zum Einsatz. Rollen Sie den Boden gut und gleichmäßig fest, indem Sie den Weg langsam mit der Gartenwalze abrollen. Lieber die Strecke mehrmals mit der Walze abgehen, statt die Walze an einer Stelle vor- und zurückzubewegen. Sollten weitere Mulden durch absackende Erde zum Vorschein kommen, füllen Sie diese Mulden mit Bruchsteinen und rollen Sie mit der Walze darüber, bis alles plan liegt. Je gründlicher Sie an diesem Punkt arbeiten, umso schöner wird Ihr Weg.

SCHRITT 5 Gerade alles eingeebnet und nun müssen Sie an jeder Seite des Weges gleichmäßig einen schmalen Graben für die Wegkanten ausheben und diese mit Sand befüllen. Dann setzen Sie Bausteine, Kantsteine, die Holzeinfassung oder Ihre sonstige Umfassung ein und begradigen diese sorgfältig.

SCHRITT 6 Nun verteilen Sie eine Mischung aus grobem Kies und Sand auf dem gesamten Weg aus. Hier helfen Schubkarre und Schaufel bei längeren Wegen, um das Material zu transportieren. Ziehen diese Schicht mit der Harke glatt und gerade und rollen Sie anschließend mit der Gartenwalze alles platt. Arbeiten Sie lieber mit geringen Mengen und arbeiten Sie diese schichtweise mit der Gartenwalze ein. Auf diese Weise wird der Untergrund stabiler, er verdichtet mehr.

SCHRITT 7 Zeit für den feinen Kies, den Sie Stück für Stück auf die ausgewalzte Unterschicht schaufeln und wieder mit der Harke gerade ziehen. Wer unsicher ist, ob der Weg wirklich eben wird, kann mit den Richtschnüren und einer Wasserwaage überprüfen, ob alles waagerecht ist. Bedenken Sie, dass sich in eventuellen Unebenheiten später das Regenwasser stärker sammelt. Bei einem Kiesweg läuft das Wasser früher oder später in den Untergrund ab, besser ist es jedoch, hier Wert auf Genauigkeit zu legen.
Beim Verteilen der feinen Kiesschicht arbeiten Sie lieber in kleinen Abschnitten als alles auf einmal erledigen zu wollen. Die geringeren Mengen lassen sich einfacher verteilen.

SCHRITT 8 Der letzte Schritt. Bearbeiten Sie nun den feinen Kies mit der Walze, um auch ihn zu komprimieren. Er sollte am Ende etwas tiefer liegen als die Wegeinfassung. Falls noch erforderlich, füllen Sie hier auftretende Mulden mit Kies auf.

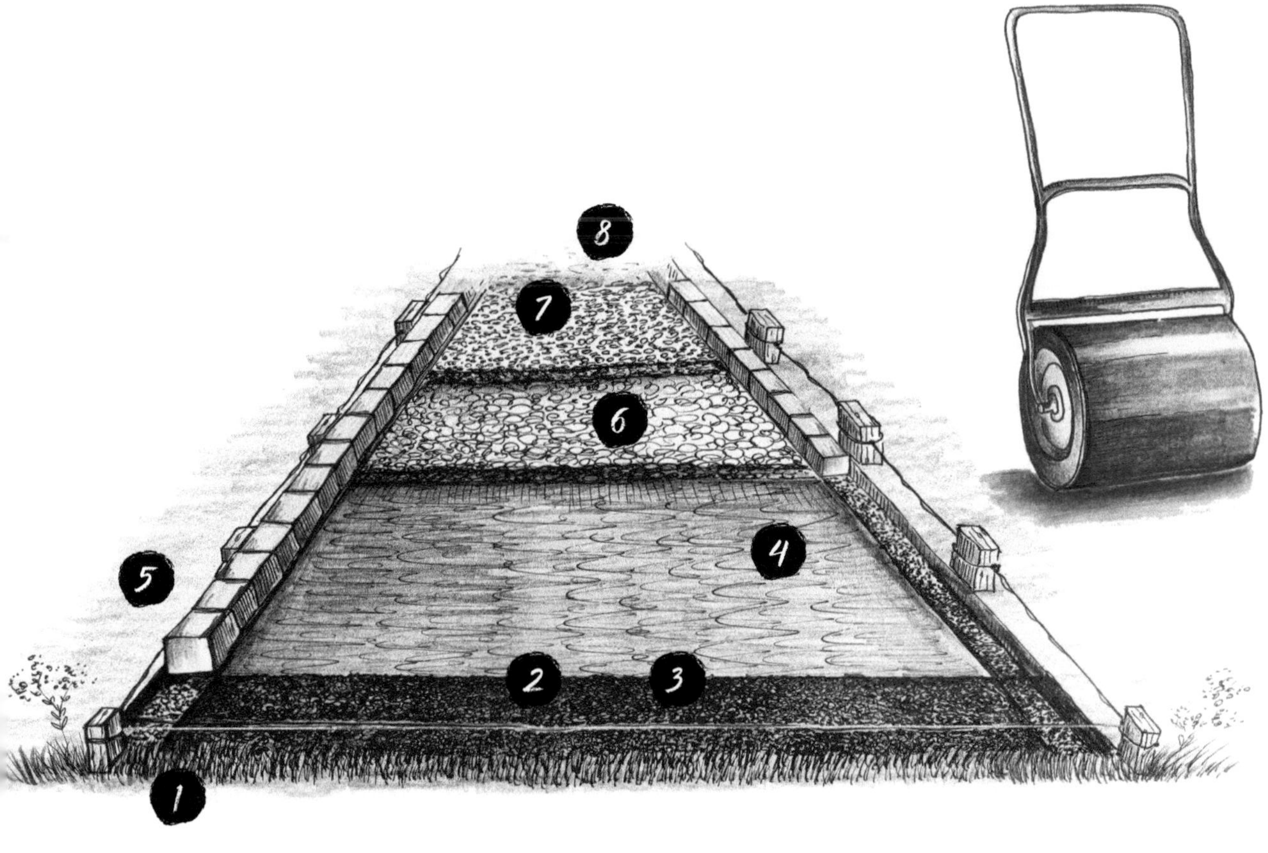

Trittstein-Weg

Steinwege im Garten sind ein wichtiges Gestaltungselement und ermöglichen das Betreten von Blumenbeeten, das Überqueren von Rasenflächen, Arbeiten rund um Gartenteiche und viele Dinge mehr. Steinwege können einen Garten optisch strukturieren und sein Erscheinungsbild beeinflussen. Steinpfade sind andererseits in der Regel feste Wege und können den Eindruck eines Gartens stören und eine schön gepflegte Rasenfläche zerteilen. Zudem entstehen an den Wegen oft Kanten, die mit dem Rasenmäher schwierig zu mähen sind. Das verursacht zusätzliche Arbeit.

Die perfekte Lösung für einen Steinpfad sind in diesem Fall Trittsteine. Wege aus Trittsteinen sind weniger massiv und sehr dekorativ. Außerdem schonen sie die Rasenfläche und Beete und bieten dennoch einen festen Halt. Wenn Sie die Steine in der optimalen Tiefe verlegen, kann Ihr Rasenmäher auch problemlos über sie hinweg die gesamte Rasenfläche mähen.

Ein Gartenweg aus einzelnen Trittsteinen, die im Abstand einer Schrittlänge durch den Garten führen, kann zu einem interessanten Hingucker werden. Sie sparen viel Zeit mit einem Weg wie diesem. Ein weiterer Vorteil ist, dass die Trittsteine nur einzeln ausgelegt werden. Sie eignen sich im Garten generell besonders dort, wo Sie ohne die Steine auf Dauer den Boden platt treten und zu sehr verdichten würden. So ein Pfad aus Trittsteinen kann ganz funktional als Weg zum Gartenschuppen oder Gewächshaus dienen oder als Blickfang das Interesse auf einen besonderen Punkt im Garten lenken – beispielsweise auf einen versteckten Sitzplatz.

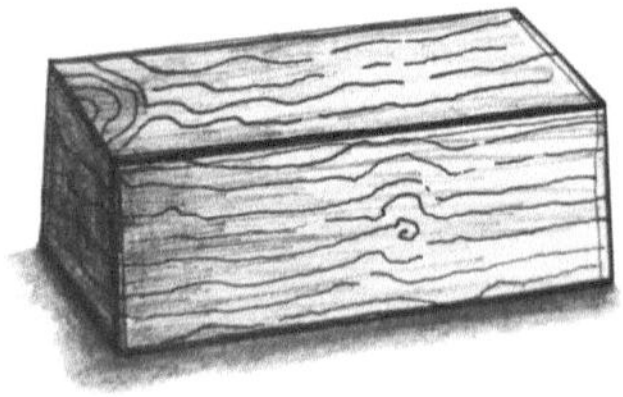

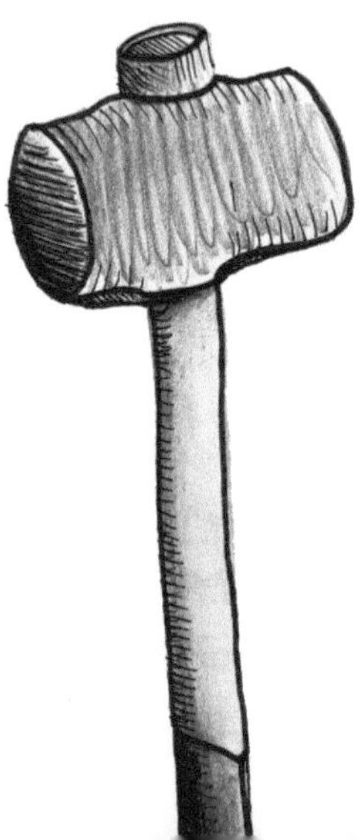

MATERIALLISTE

- Steinplatten
- Sand
- Gummihammer & Holzblock
- Ziegelstein
- Schmaler und scharfer Spaten
- Große Schaufel und Harke
- Wasserschlauch
- Wasserwaage
- Holz oder Hartfaserschablone (siehe nachfolgende Tipps)

Vorab zwei Tipps, um Zeit zu sparen

Sie können kostbare Zeit sparen, wenn Sie Ihren Weg aus Trittsteinen mit Platten oder Steinen in einheitlicher Form und Größe verlegen. Mit diesen Tipps wird das Verlegen einfacher:

1. Zur Ermittlung der benötigten Zahl der zu verlegenden Platten Ihrer Wunschgröße und -form schneiden Sie sich exakte Schablonen dieser Platten aus Papier oder Pappe aus. Diese platzieren sie so, dass der Mittelpunkt jeder Platte jeweils um eine Schrittlänge von dem Mittelpunkt der nächsten Platte entfernt ist. Sobald Sie den geplanten Weg mit den Schablonen gelegt haben, wissen Sie, wie viele Platten Sie benötigen.

2. Beim Kauf der Trittsteine oder Betonplatten kaufen Sie zusätzlich eine Sperrholz- oder Hartfaserplatte, aus der Sie dann die exakte Form Ihrer Platten aussägen. Idealerweise entspricht die Dicke der Holzplatte auch der Ihrer Trittsteine. In manchen Baumärkten können Sie sich dies auch vor Ort aussägen lassen – was allerdings meist zusätzlich berechnet wird.

Diese Attrappe Ihrer Trittsteine dient Ihnen nun als Schablone, mit der Sie exakte Löcher graben können, ohne die schweren Betonplatten jedes Mal heben zu müssen.

DEN TRITTSTEIN-WEG VERLEGEN – SCHRITT FÜR SCHRITT

SCHRITT 1 Legen Sie mit dem Schlauch den Verlauf des Weges fest. Der Schlauch lässt sich in schön geschwungene Kurven legen. Vor allem bei der Verlegung großer Platten sollten Sie zu starke Krümmungen vermeiden, damit die Abstände nicht ungleichmäßig werden.

SCHRITT 2 Legen Sie die Holzschablone an die erste Stelle entlang des Schlauchs. Beschweren Sie die Schablone mit einem Ziegelstein und stechen Sie die Ränder rund um die Schablone herum ab. Sie müssen 5 cm tiefer in die Erde stechen, als die Platte dick ist. Vielleicht markieren Sie sich vorher das richtige Maß mit einem Klebestreifen auf dem Spaten.

SCHRITT 3 Sobald der Boden rund um die Schablone abgestochen ist, entfernen Sie die Grassode. Bei größeren Platten teilen Sie die Sode am besten zuerst mit dem Spaten in der Mitte und heben Sie von der Mitte ausgehend mit dem Spaten heraus. So vermeiden Sie die Beschädigung Ihrer scharf ausgestochenen Außenkanten.

SCHRITT 4 Nach dem Entfernen der Grassode müssen Sie die Erde bis auf die abgestochene Tiefe ausgraben. Anschließend klopfen Sie die Erde mithilfe des Holzklotzes und dem Gummihammer gut fest, bis die Oberfläche wirklich eben ist.

SCHRITT 5 Nun verteilen Sie in der vorbereiteten Mulde eine etwa 2,5 cm dicke Schicht Sand. Harken Sie den Sand glatt, ohne ihn zu sehr anzudrücken.

SCHRITT 6 Jetzt können Sie die Platte vorsichtig in das Loch hineinlegen. Arbeiten Sie langsam, gerade wenn die Platte schwer ist. Achten Sie darauf, die Rasenkanten nicht zu beschädigen. Abschließend können Sie sich gegebenenfalls auf die Platte stellen, um sie in die richtige Position zu bringen.

SCHRITT 7 Sobald die Platte eingepasst wurde, überprüfen Sie mit der Wasserwaage, ob sie wirklich eben und plan liegt. Achten Sie auch darauf, dass die Platte etwa 2,5 cm unter der Rasenkante liegt.

Falls die Platte noch nicht plan ist, zu hoch oder zu tief liegt, müssen Sie sie noch einmal herausnehmen und das Sandbett darunter entsprechend ausgleichen. Manchmal entstehen beim Einlegen und Andrücken der Platte doch noch Löcher in der Mulde. Füllen Sie die Löcher gegebenenfalls mit Sand auf.

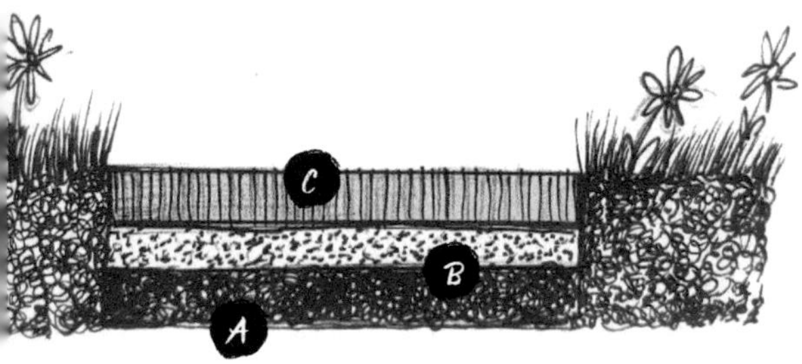

Querschnitt von eingebettetem Trittstein

A: Erde mit Gummihammer und Holzklotz geebnet

B: 2,5 cm dicke Sandschicht, glattgeharkt

C: Eingebetteter Trittstein

Selbst gemachte Trittsteine für Ihren Garten

Gartenwege aus gekauften Waschbetonplatten sind Ihnen zu öde und langweilig und alle Wege komplett mit Natursteinen zu pflastern, ist aufwendig und gefällt Ihnen auch nicht? Für jedes Problem gibt es eine Lösung – und wir kennen sie fast alle. Wenn Ihnen Trittsteine als Gartenweg ausreichen, ist dies hier ganz sicher Ihr nächstes Projekt.

TRITTSTEINE AUS BAUMSCHEIBEN

Ja, auch das funktioniert. Wie schon bei anderen Projekten hilft Ihnen auch hier Ihre gute Beziehung zum örtlichen Förster. Bei ihm erhalten Sie Holz in Form von zersägten Baumstämmen aus dem Wald. Diese können Sie sich abholen oder dort vor Ort zurechtsägen. Sie benötigen deshalb eine Motorsäge und jemanden, der sie bedienen kann. In einigen Orten wird dafür ein Nachweis verlangt, den Sie nach einer kurzen Vormittagsschulung bei einigen Baumärkten erhalten können.

Der Rest ist wesentlich einfacher: Sie sägen sich die Trittscheiben in der gewünschten Dicke ab und konservieren die Holzscheiben anschließend. Entweder benutzen Sie Holzschutzmittel, sodass die Baumscheiben auf natürliche Weise verwittern können oder Sie tauchen beziehungsweise übergießen die Scheiben in Kunstharz und versiegeln das Holz damit dauerhaft. Beim Gießen des Harzes können Sie beispielsweise gepresste Blätter oder Blüten und Früchte der Baumart mit auf die Baumscheibe legen. Auch Mosaike sind möglich oder ein Bemalen der Baumscheiben. Folgen Sie Ihrer Fantasie oder lassen Sie die Scheiben ganz schlicht.

TRITTSTEINE AUS FERTIGBETON

Bei der Dekoration können Sie kreative werden. Bunte Glassteine, Mosaik, Scherben von Geschirr oder alten Kacheln, Muscheln, selbst angemalte Kieselsteine, Kunststoffperlen, Glasmurmeln, große Blätter mit deutlicher Struktur der Blattadern, Pinsel und Farben, was immer ihr Herz begehrt.

Unterschiedliche Größen machen den Trittsteinweg interessanter. Die Form kann ganz nach Ihren Wünschen rund oder eckig sein. Nehmen Sie nur die dickeren Untersetzer mit einem hohen Rand. Diese sind meistens für Pflanzkübel gedacht. Die günstigen Plastikuntersetzer für Zimmerpflanzen sind nicht stabil genug.

SO FERTIGEN SIE IHRE TRITTSTEINE SELBST AN

Sie sollten zunächst den ersten Trittstein zur Probe anfertigen, um zu sehen, wie der Guss wird und was Sie optimieren können.

1. Ziehen Sie die Handschuhe an und mischen Sie den Fertigbeton nach den Angaben auf der Verpackung mit etwas Wasser an.

2. Wenn Sie möchten, wischen Sie die Form zur Sicherheit mit etwas Öl aus, damit sich der Trittstein später leichter löst. Doch da diese Untersetzer leicht konisch sind, sollten sich die Trittsteine grundsätzlich leicht herauslösen lassen.

3. Gießen Sie den Fertigbeton in die Form und rütteln Sie den Beton, bis die Oberfläche glatt ist und eventuelle Luftblasen zerplatzt sind. Stellen Sie die Form ab und warten Sie einige Momente, bis der Beton sich etwas gesetzt hat und leicht angetrocknet ist.

4. Jetzt können Sie gemeinsam mit den Kindern die Trittsteine nach Herzenslust dekorieren. Achten Sie darauf, dass alle Steinchen und sonstigen Dekorationen tief genug eingedrückt werden, damit keine Spitzen herausstehen. Für das Profil des Blattes drücken Sie das getrocknete und gepresste Blatt mit der Rückseite nach unten vorsichtig und gleichmäßig in die Betonmasse. Das Blatt kann nun im Beton bleiben oder wieder abgenommen werden, sodass das Profil der Blattadern und die Blattform zu sehen sind.

5. Fertigbeton trocknet in der Regel und je nach Dicke der Platten innerhalb von 24 bis 48 Stunden. Sie können die Trittsteine nach 24 Stunden aus der Form nehmen, indem Sie die Form einfach umdrehen. Geben Sie dem Beton dann weitere 24 Stunden, um komplett durchzutrocknen.

MATERIALLISTE

- Fertigbeton (Estrich)
- Pflanzenuntersetzer aus Kunststoff in den gewünschten Durchmessern
- Dekoration
- Wasser und Eimer zum Anrühren des Betons
- Gummihandschuhe
- Eventuell Öl zum Einstreichen der Formen

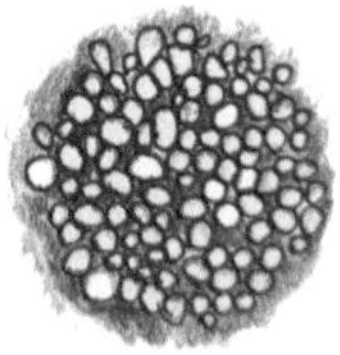
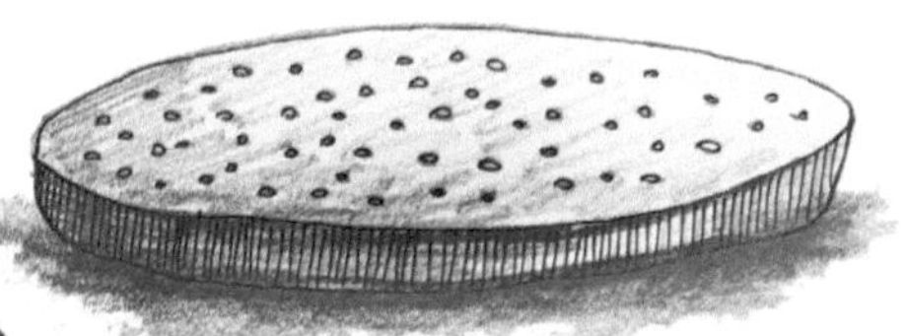
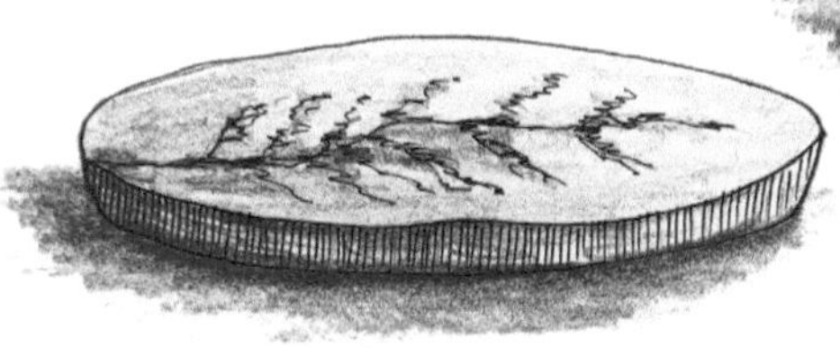

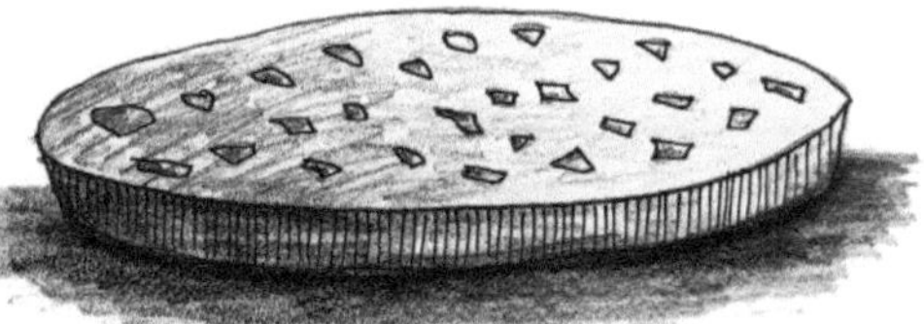

Ein Gartenweg aus Rindenmulch

Der Weg aus Rindenmulch eignet sich für jene Stellen im Garten, die Sie nicht ‚zupflastern' möchten. Wege aus Mulch sind als vorübergehende Lösung gedacht. Deshalb werden sie vorrangig auf Beeten verwendet. Ein gutes Beispiel ist ein Mulchweg im Gemüsebeet zwischen den Reihen von Kohl, Tomaten, Erbsen, Salat und Kräutern. Der Weg gibt vor, wo Sie sicher hintreten können, ohne Pflanzen zu zertreten. Zudem ermöglicht er Ihnen den schnellen Zugriff auf das Gemüse, wenn Sie Schädlinge absammeln, Unkraut jäten, die neuen Pflanzen verziehen oder einfach das Gemüse ernten möchten.

Sobald alles geerntet wurde, können Sie den Weg aus Rindenmulch bei der Wintervorbereitung des Beetes einfach in die Erde einarbeiten. Im nächsten Jahr können Sie Ihr Gemüsebeet problemlos ganz neu anlegen und gestalten.

DEN RINDENMULCH-WEG ANLEGEN – SCHRITT FÜR SCHRITT

SCHRITT 1 Bevor Sie Ihr Gemüse oder die gewünschten Stauden ins Beet setzen, sollten Sie sich überlegen, was wohin gepflanzt oder gesät wird und wo ihre Pfade auf dem Beet verlaufen sollen.

SCHRITT 2 Nun stampfen Sie mit beiden Füßen diese Wege fest. Ein Weg muss breit genug sein, dass Sie bequem auf ihm entlang gehen können. Das ist in der Regel die Schulterbreite. Bei diesen Wegen können Sie alles geometrisch oder krumm und schief anlegen – wie es Ihnen gefällt. Stampfen Sie die Erde fest, aber Sie müssen nicht springen und sollten auch keinen anderen Maschinen oder Walzen dafür benutzen.

SCHRITT 3 Sobald die Wege alle vorbereitet sind, schütten Sie zuerst den groben Mulch auf die Wege und verteilen diesen mit der Harke. Der feine Mulch folgt im zweiten Durchgang, um den groben Mulch etwas zu verdichten.

SCHRITT 4 Begießen Sie den Weg mit Wasser, entweder aus dem Gartenschlauch oder mit der Gießkanne.

SCHRITT 5 Füllen Sie nun die verschiedenen Beetflächen mit Komposterde, Pferdemist oder zusätzlichem Mutterboden auf, sodass die Wege eine gute Fußhöhe tiefer liegen als die Beetflächen. Die Ränder der Beete können Sie mit dem Rücken der Harke festdrücken, damit die Erde nicht auf die Wege rutscht. Auch hier abschließend mit Wasser befeuchten, damit die Kante verdichtet und fester wird.

MATERIALLISTE

- Grober und feiner Rindenmulch (die Menge bitte nach Bedarf berechnen)
- Festes Schuhwerk
- Etwas Wasser
- Harke

SCHRITT 6 Sie haben nun ein unterteiltes Gemüse- oder Staudenbeet, vielleicht inspiriert Sie die Unterteilung dazu, einen Teil mit Blumenstauden und einen Teil mit Gemüse zu bepflanzen – ganz in der Art eines Bauerngartens.

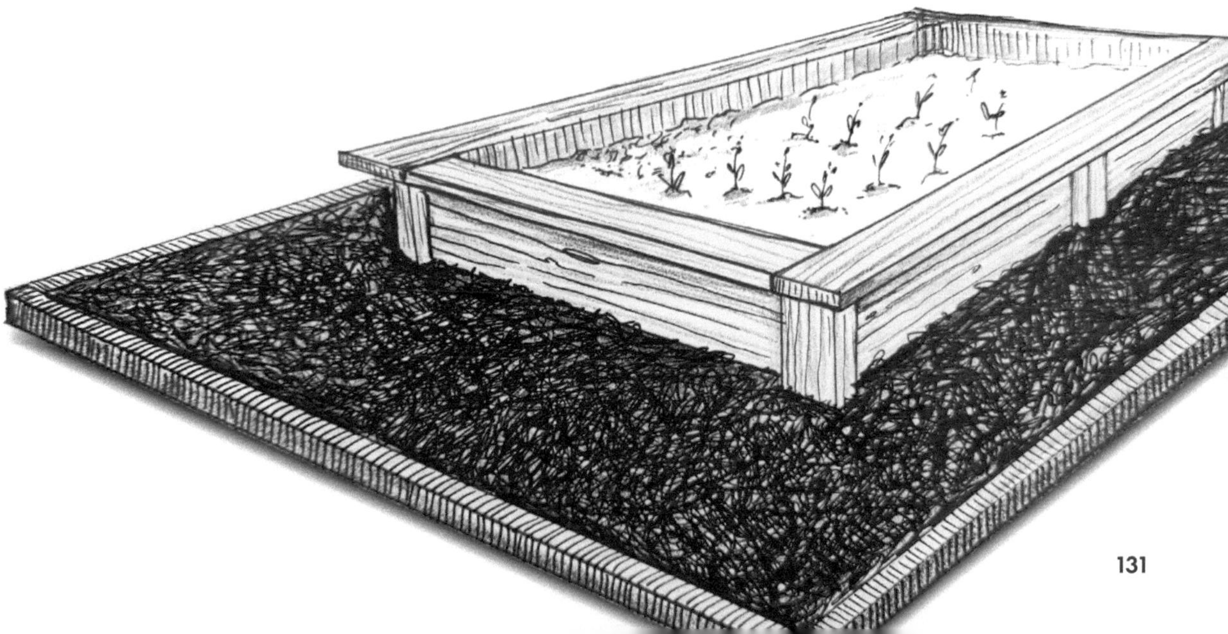

STUFEN AM HANG – SCHRITT FÜR SCHRITT SELBST GEBAUT

Treppen und einzelne Stufen verbinden verschiedene Gartenbereiche und Ebenen. Auf einem Terrassen- oder Hanggrundstück sind sie notwendig. Dabei ist der Höhenunterschied völlig unerheblich. Bauen können Sie Treppen für jeden Höhenunterschied. Zu einem schönen Gartenelement werden Ihre Treppen, wenn Sie nicht im sogenannten ‚Fluchtformat', also ganz gerade nach oben führend, verlegt wurde, sondern versetzt. Der Materialien entnehmen Sie bitte den jeweiligen Treppentypen.

DIE VORARBEITEN FÜR JEDEN TREPPENBAU:

DER HÖHENUNTERSCHIED

Der erste Arbeitsschritt für den Treppenbau ist das Maßnehmen. Sie benötigen den Höhenunterschied, der überwunden werden soll. Dafür befestigen Sie oben am Hang ein Setzholz und unten eine lange Stange. Sie müssen eine waagerechte Schnur zwischen beide spannen können. Kontrollieren Sie diese mit einer Wasserwaage. Nun können Sie an der langen Stange unten am Hang den Höhenunterschied messen.

DER VERLAUF DER TREPPE

Um den Verlauf der Stufen nach Ihren Vorstellungen hinzubekommen, stecken Sie sich mit zwei Schnüren und vielen kleinen Hölzern die Strecke ab. Beginnen Sie oben, das ist einfacher. Setzen Sie die ersten beiden Hölzer in Abstand der Stufenbreite und arbeiten Sie sich bis nach unten vor. Dabei bekommen Sie einen ersten Eindruck davon, wie viele Stufen nötig sind.

STUFEN MIT BREITEN NATURSTEINPLATTEN, EISENBAHNBOHLEN ODER BAUMSTAMMSTUFEN

Ein sanft oder flach ansteigender Hang eignet sich für Baumstammstufen, Stufen aus Bahnschwellen oder Stufen, die durch breite Natursteinplatten begrenzt werden. Alle drei werden in ähnlicher Bauweise gebaut. Sobald Sie den Höhenunterschied und den Verlauf der Treppe kennen, markieren Sie in Abständen von 1,5 bis 2 Schrittlängen die untere Begrenzung der Stufe. An dieser Stelle stechen Sie für jede Stufe im rechten Winkel die Erde für die Stufe aus und graben einen leichten Aushub, in dem der Baumstamm Halt findet. Die Begrenzung muss mehr auf als in der Erde liegen. In diesen Erdaushub legen Sie als untere Begrenzung der Stufe je einen der Baumstämme (oder eine der Bahnbohlen bzw. Natursteinplatten).

Wer sich unsicher ist, ob die Begrenzungen bei seinem vorliegenden Hang auf diese Weise halten und dauerhaft liegen bleiben, der kann aus 5 x 5-cm-Kanthölzern entsprechende Stützen vor die Stämme, Platten oder Bahnbohlen setzen. Die Länge der Kanthölzer sollte 2,5-mal der Stufenhöhe entsprechen, um die Stufen wirklich stützen zu können.

Sobald alle Stufenbegrenzungen verlegt sind, füllen Sie die Räume zwischen den Stufenbegrenzungen mit Erde und stampfen diese fest. Das richtige Werkzeug dafür ist ein sogenannter Erdstampfer. Die festgestampfte Erde kann zum Abschluss mit Rindenmulch, feinem Gartenkies oder Mineralgemisch abgedeckt werden.

Die Seitenränder bleiben offen, sodass der Übergang zur angrenzenden Hangbepflanzung fließend ist. Die Pflanzen werden sich den Rand der Stufen zurückerobern. Dadurch wirkt die Treppe völlig natürlich.

1. Mit kleinen Hölzern und Schnüren die Treppe abstecken.
2. Stufen ausgraben.
3. Kanthölzer stecken, dahinter die Bretter für die Stufen anbringen.
4. Mit Erde auffüllen.
5. Mit Kies, Rindenmulch oder Trittplatten auffüllen.

Wichtig!

Mit Setzholz, langer Stange, Schnur und Wasserwaage vorab den Höhenunterschied messen.

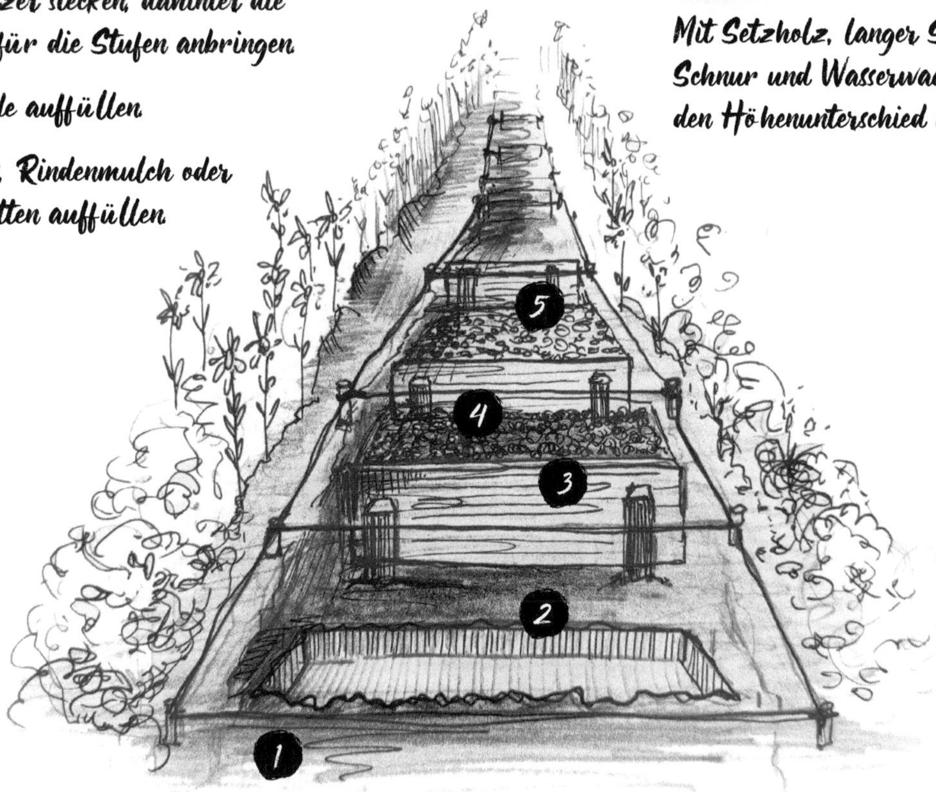

DIE TREPPE IM FLUCHTFORMAT

An steileren Hängen brauchen Sie eine in sich geschlossene Treppe, um einen Erdrutsch zu vermeiden. Unsere sogenannte Fluchtformat-Treppe besteht aus Holz. Dieses sollte vorbehandelt sein oder werden. Auch Stufen aus Teak oder Lärchenholz sollten Sie vor dem Bau der Treppe mit einem Holzschutz behandeln. Im Wesentlichen besteht die Treppe aus hölzernen Seitenteilen, die rechts und links die Treppenflucht hinauf verlegt werden. Zwischen ihnen werden passende Holzbretter angebracht. Jede gesetzte Stufe muss bei dieser Treppe von den bereits oben erwähnten Kanthölzern in denselben Maßen abgestützt werden. Auch hier werden die Räume hinter den Setzstufen mit Erde gefüllt und festgestampft. Darauf kann abschließend der gewünschte Treppenbelag verlegt werden.

ÜBERLEGUNGEN VOR BAUBEGINN

Nachdem die Hanghöhe ermittelt wurde, teilt man sie durch die Höhe einer Setzstufe, um die Anzahl der erforderlichen Treppenstufen zu ermitteln. Dies ist hier notwendig, weil das Treppensteigen mit zu hohen Stufen schnell ermüdet.

Setzstufen sollten ungefähr 10 bis 12,5 cm hoch sein und die Stufen mindestens 30 cm tief. Damit kann man beim Hinuntergehen den ganzen Fuß aufsetzen, ohne mit der Ferse gegen die nächste Treppenkante zu stoßen. Eine Stufenbreite von ca. 60 cm ist gerade breit genug für eine Person. Wenn zwei Menschen nebeneinander gehen können sollen, müssen die Stufen 1,5 m breit sein. Bedenken Sie dabei auch, ob Sie viele Dinge hinauf- oder hinabtragen müssen. Auch dafür braucht die Treppe eine bequeme Breite.

DER TREPPENBAU – SCHRITT FÜR SCHRITT ERKLÄRT

SCHRITT 1 Mit den Setzhölzern und der Richtschnur markieren Sie die Position der Trittstufen. Die Form der Stufen graben Sie nach den Maßempfehlungen grob aus. Ist dies für alle Stufen getan, entfernen Sie die Richtschnüre und stampfen den Boden fest.

SCHRITT 2 Die beiden Seitenteile sägen Sie oben und unten auf die gewünschte Länge zu und positionieren sie rechts und links entlang Ihrer Ausgrabung. Schneiden Sie eine Setzstufe auf Länge zu und bringen Sie sie mit der Wasserwaage behelfsmäßig in Position, um den Sitz der Seitenteile zu justieren.

SCHRITT 3 Vernageln Sie nun die beiden Seitenteile provisorisch von oben mit einer Holzlatte, damit sie richtig und gerade sitzen. Sie entfernen die Holzlatte erst, wenn die Setzstufen befestigt wurden.

SCHRITT 4 Sägen Sie die 5 x 5-Kanthölzer (Stäbe) auf die empfohlene Länge und spitzen Sie ein Ende mit der Axt an. Lassen Sie die Spitzen möglichst über Nacht gemeinsam in einem Eimer Holzschutzmittel stehen. So können sie ausreichend Flüssigkeit aufsaugen.

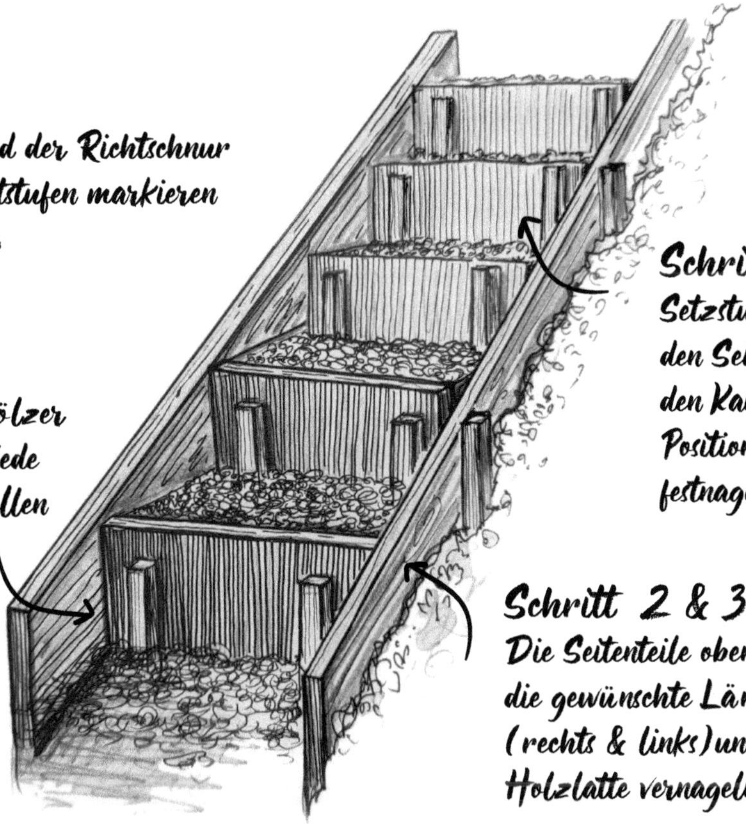

Schritt 1:
Mit Setzhölzern und der Richtschnur die Position der Trittstufen markieren und grob ausgraben.

Schritt 5:
Vorbehandelte Kanthölzer rechts und links vor jede ausgehobene Stufe stellen und in den Boden hämmern.

Schritt 6 & 7:
Setzstufen zwischen den Seitenteilen, hinter den Kanthölzern in Position bringen und festnageln.

Schritt 2 & 3:
Die Seitenteile oben und unten auf die gewünschte Länge platzieren (rechts & links) und mit einer Holzlatte vernageln.

MATERIALLISTE*
TREPPE IM FLUCHTFORMAT

- Vorbehandeltes, raues Weichholz (beispielsweise Kiefer oder Fichte)
- Zwei ausreichend lange Seitenteile über die gesamte Treppenlänge
- Eine ausreichende Menge an Kanthölzern (5 x 5 cm)
- Richtschnur, Setzhölzer, Allzwecksäge, Wasserwaage
- Bretter, welche die Stufenkante bilden
- Schreinerhammer, Holzhammer & rostfreie Nägel

*Genaue Mengen- und Maßangaben können wir hier nicht liefern, da jede Gartentreppe anders ausfallen wird. Die eine muss höher sein, die andere breiter. Achten Sie beim Messen deshalb auf Genauigkeit.

SCHRITT 5 Stellen Sie die Kanthölzer am nächsten Tag rechts und links vor jede ausgehobene Stufe. Mit dem Holzhammer und einem Stück Holz zum Schutz der Kanthölzer hämmern Sie die angespitzten Kanthölzer in den Boden, bis ungefähr noch 12 cm herausragen. Achten Sie darauf, dass die Stäbe senkrecht stehen.

SCHRITT 6 Da nun die Seiten und Stäbe fixiert sind, können die Frontbretter der Treppenstufen (auch Setzstufen genannt) auf ihre Breite gesägt werden. Anschließend setzen Sie sie zwischen die Seitenteile und bringen sie direkt hinter den Stäben in Position. Die Oberkante jeder Setzstufe muss mit der Oberkante der Seitenteil abschließen. Füllen Sie gegebenenfalls unter der Setzstufe Erde auf oder legen Sie Stein unter, damit die Stufe waagerecht liegt. Überprüfen Sie dies mit der Wasserwaage.

SCHRITT 7 Die Frontbretter liegen nun hinter den abstützenden Kanthölzern und müssen mit diesen verbunden werden. Dafür schlagen Sie von hinten durch das Brett je zwei rostfreie und 7,5 cm lange Nägel bis in die Kanthölzer ein. Das schräge Einschlagen verhindert, dass die Nägel später unter Belastung eventuell herausgedrückt werden.

SCHRITT 8 Füllen Sie die Setzstufen alle mit Erde auf und drücken Sie die Erde gut fest oder nutzen Sie den Erdstampfer. Als Trittfläche dient auch hier eine Schicht Kies, Pinienmulch oder ähnliches Material. Zum Glätten der Trittflächen ziehen Sie sie einfach mit einer Holzlatte glatt.

WEITERE MÖGLICHKEITEN FÜR DEN BELAG DER SETZSTUFEN

Die Trittflächen der von uns genannten Treppen können alle aus vielen Materialien bestehen. Pflanzen, die sich nach und nach über die Stufen ranken, bilden eine weiche Matte. Hier einige Vorschläge zur Trittflächengestaltung:

- Setzen Sie stellenweise Thymian zwischen die Kieselsteine. Seine kleinen, duftenden Blätter bilden schnell einen grünen Teppich.
- Nutzen Sie das Farbspektrum der angebotenen Kiessorten. Grober Kies in Gelbtönen macht die Treppe sichtbarer und bildet eine feste Trittfläche.
- Korsika-Minze rankt sich über die Stufen und gibt bei jedem Ihrer Schritte einen frischen Duft ab.
- Baumrinde nimmt den geometrischen Stufen etwas von ihren Ecken und Kanten und lässt die Trittstufen weicher erscheinen. Wir haben Rindenmulch und den feinen Pinienmulch ausprobiert und können beides empfehlen.
- Kamille breitet sich ebenfalls rasch aus und verströmt beim Vorbeigehen Ihren zarten Duft.
- Kies in grau-grünlichen Farbtönen passt sich der Umgebung an, sodass die Steine gar nicht auffallen.
- Die Wucherblume eignet ich zur seitlichen Bepflanzung der Stufen. Sie wächst buschig und bildet zarte Blüten wie das Gänseblümchen.
- Der Französische Majoran kann auf oder an den Trittstufen eingesetzt werden. Er verströmt einen klassischen Duft des Mittelmeerraums.

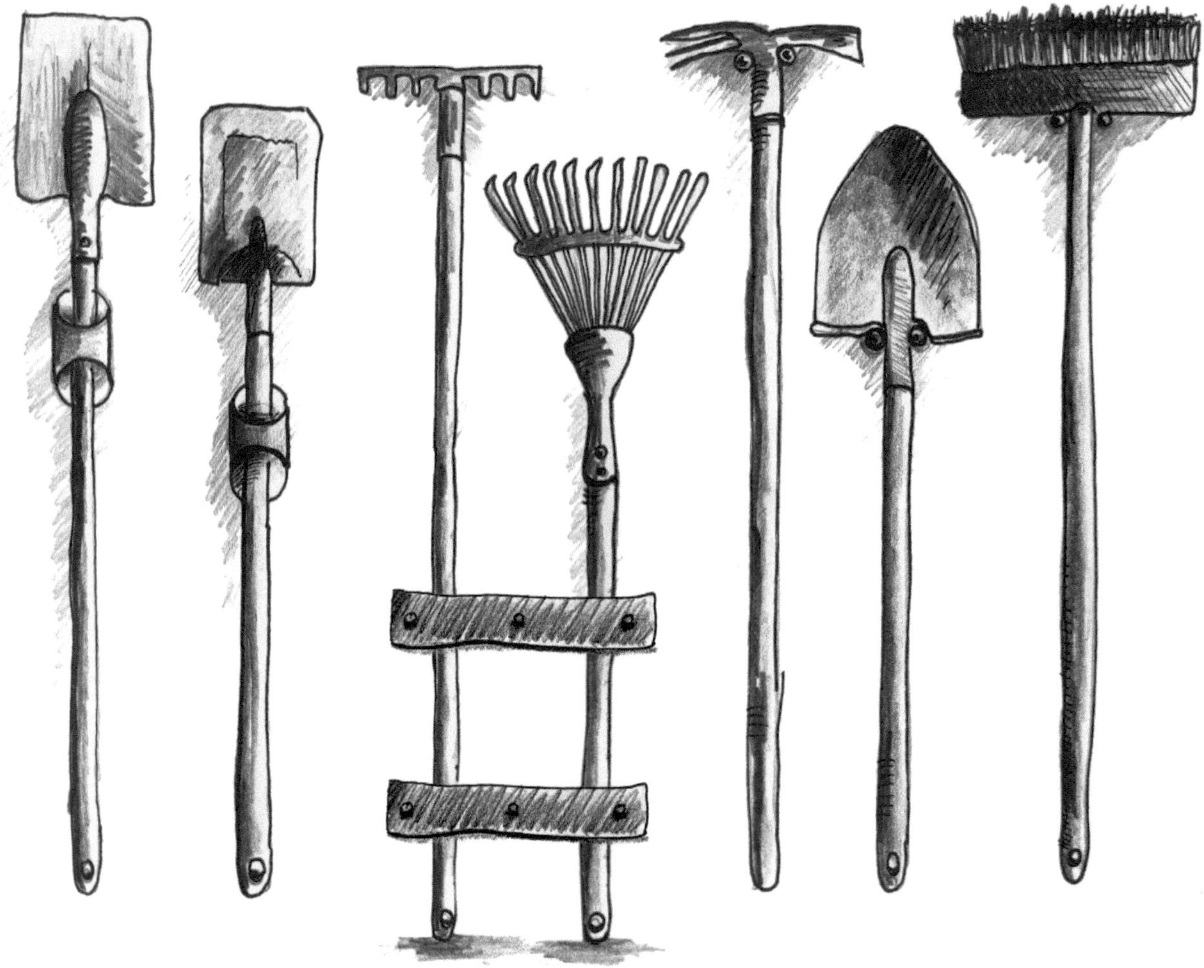

ORDNUNG UND PFLEGE

ERHALTEN SIE SICH DIE FREUDE AN NEUEN UND ABGESCHLOSSENEN DIY-PROJEKTEN

Ordnungshelfer Gartengeräte

Auch als Hobbygärtner hat man in der Regel diverse Gartenwerkzeuge. Oftmals stehen diese einfach im Gartenschuppen in einer Ecke. Für die Gartengeräte wäre es besser, wenn sie ordentlich aufgehängt würden. Der Zugriff auf das gesuchte Gerät ist so viel einfacher. Gartenfachhandel und Baumärkte bieten viele verschiedene Ordnungshelfer an. Doch diese sind oft teuer und die Geräte können nicht problemlos, wie vom Hersteller angegeben, nebeneinander aufgehängt werden. Hier ist Ihre Kreativität gefragt, denn natürlich können Sie sich auch so ein Ordnungssystem selber bauen.

Je nachdem, für welche Methode Sie sich entscheiden, werden Sie einige der folgenden Dinge auf unserer Materialliste benötigen.

DIE EINFACHSTE METHODE

Üblicherweise haben die Stiele der Gartengeräte am oberen Ende ein Loch. Durch dieses können Sie mit dem Bindfaden eine Schlaufe als Aufhänger anknoten. Hat ein Stiel kein Loch, sorgt die Bohrmaschine oder der Bohrschrauber schnell dafür, dass er doch eines hat. Auf diese Weise lassen sich die Gartengeräte im Schuppen an Haken oder an einer schlicht in die Holzwand gehämmerten Nagelreihe aufhängen. Achten Sie auf ausreichend Abstand für die Harken und Laubrechen. Um dabei Platz zu sparen, schlagen Sie die Nägel in der Höhe versetzt ein.

ÜBER KOPF AUFGEHÄNGT

Manche Gärtner hängen ihre Geräte über Kopf auf. Dafür schlagen Sie für jedes Gerät ein Nagelpaar in die Wand. Die beiden Nägel bieten dem Stiel ausreichend Zwischenraum und halten oben gleichzeitig zum Beispiel die quer zum Stiel angeordnete Harke. Die Über-Kopf-Lagerung der Geräte erleichtert das schnelle Finden des gesuchten Geräts.

SPANNGURTE ODER ÄHNLICHE MATERIALIEN

Wer eine kleine Schuppenwand hat, spannt an ihr entlang zwischen zwei Schrauben ein bis zwei Spanngurte und steckt die Geräte entweder hinter die Gurte oder zwischen die beiden Gurte. Bei zwei Gurten können diese auch verdreht oder in kurzen Abschnitten zusammengebunden werden können. Sinnvoll ist auch hier, die Geräte mit dem Stiel nach unten zu sortieren.

MATERIALLISTE

- Wandhaken (haltbarer sind die aus Metall)
- Bohr-Schrauber & Schrauben
- Hammer und Nägel
- Kanthölzer in der benötigten Länge
- Gegebenenfalls eine Säge für Holz (Feinsäge) oder eine für Kunststoff & Metall
- Eventuell ein altes Regenrohr
- Etwas Bindfaden
- Bei Bedarf eine Schneidlade und eine Wasserwaage

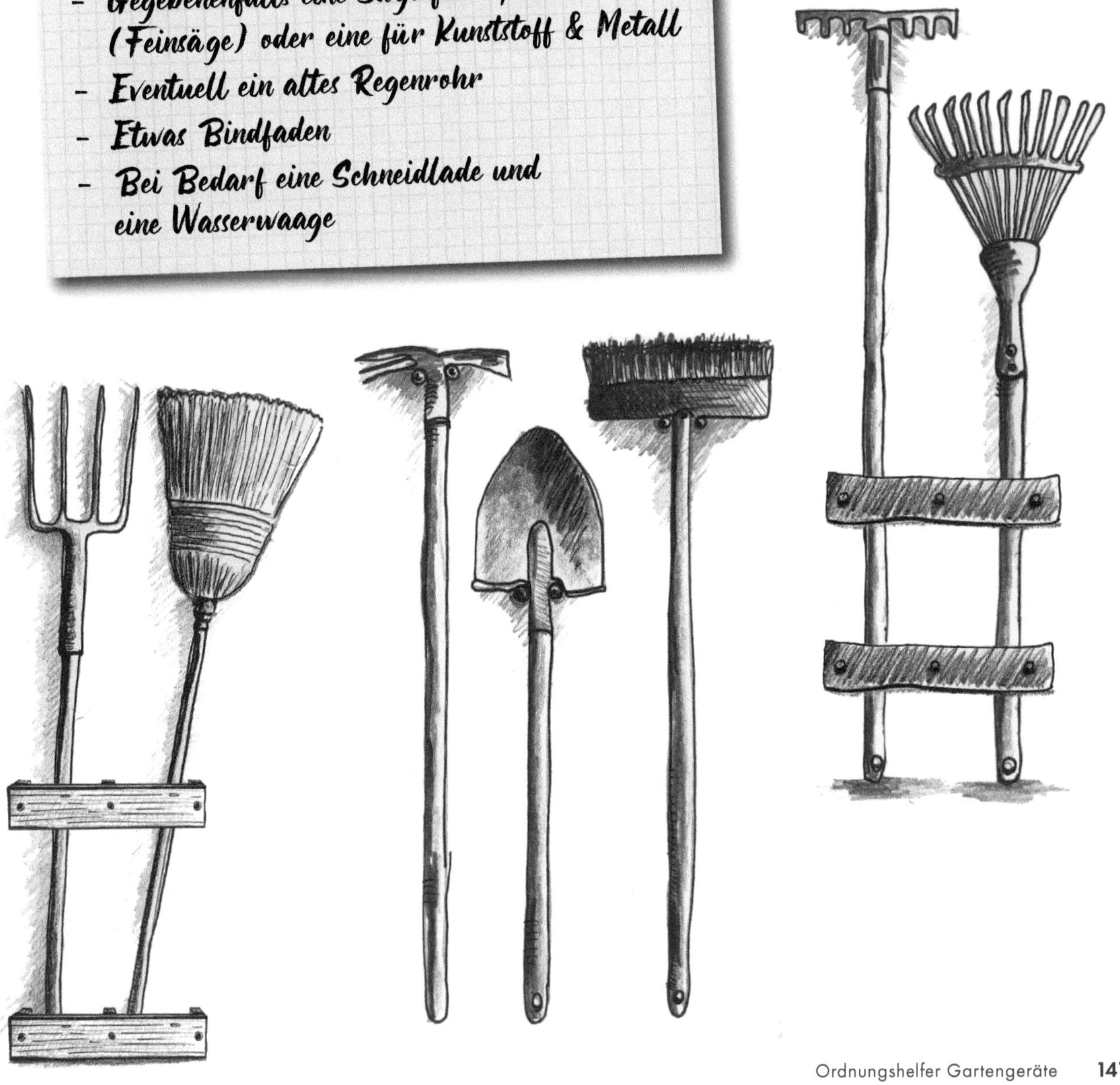

NOCH ORDENTLICHER ...

... wird es mit einem Rohr. Ein altes Regenrohr könnte auf diese Weise zum ,Upcycling Projekt' werden; idealer wäre jedoch ein gekauftes oder übrig gebliebenes Metall- oder Kunststoffrohr mit geringerem Durchmesser. Mit der Metall- und Kunststoffsäge sägen Sie das Rohr schräg in mehrere, gleich lange Teile (circa 10-15 cm lang). Der gesägte Winkel sollte möglichst schräg sein, um die Öffnung des Rohrs weit zu halten. Am anderen Ende des Rohrstücks sägen Sie im gleichen Winkel, aber gegenläufig zum ersten. Wenn Sie richtig gesägt haben, ist das Rohrstück an seiner Rückseite länger und hat vorn nur ein kurzes Stück, welches als Halterung für die Geräte dient. Die lange Rohrseite schrauben Sie oben und unten an die Wand. Anschließend können Sie die Gartengeräte – wieder über Kopf – hineinstellen.

SCHNELL GEMACHT

Mit zwei längeren Kanthölzern lässt sich schnell ein Ordnungshelfer bauen, der die Geräte mittig und am Boden hält. Ermitteln Sie, wie lang die Kanthölzer für Ihren Bedarf sein müssen. Schlagen Sie für je zwei Abstandhalter einige Zentimeter pro Kantholz drauf. Sägen Sie mit der Feinsäge die Abstandshalter in identischer Größe an beiden Kanthölzern ab. Die Kanthölzer sind also nach wie vor gleich lang. Markieren Sie an der Wand auf 1/3 der Gesamthöhe (von unten gemessen) eine waagerechte Linie, die Sie mit der Wasserwaage überprüfen. Bitte bedenken Sie, dass Sie die Geräte hochheben müssen, um sie hinter das obere Kantholz zu stellen. Gleichzeitig muss das obere Kantholz hoch genug sein, damit kein Gerät in den Raum kippen kann. Probieren Sie deshalb vorher aus, wie die Höhe für Ihre Geräte und Ihren Schuppen am besten passt. Entlang dieser Linie schrauben Sie nun die abgesägten Holzstücke als Abstandhalter an den Enden des Kantholzes auf einer Höhe an die Wand und montieren das Kantholz davor. Unten am Fußboden soll das zweite Kantholz auf dem Boden aufliegen und dort ebenfalls an seinen Enden auf den Abstandhaltern fixiert werden, sodass die Geräte unten nicht wegrutschen können.

Ordnung fürs Werkzeug

Beliebt und schnell gemacht ist das sogenannte Werkzeugbrett. Dafür nehmen Sie eine die Sperrholz-

oder MDF-Platte, lackieren diese in der gewünschten Farbe und bauen sich mithilfe von vielen Nägeln die Aufhängungen für Ihr Werkzeug. Am einfachsten lässt sich dies am Beispiel eines Hammers erklären, dazu gleich mehr. Zuerst jedoch legen Sie das lackierte Brett auf die Werkbank oder den Arbeitstisch und überlegen sich die Aufteilung. Wo soll welche Werkzeuggruppe hängen? Für die Sätze von Schraubendrehern und Maulschlüsseln gibt es vorgefertigte Halterungen, deren Anschaffung sinnvoll ist. Die Halterungen schrauben Sie einfach an dem gewünschten Platz auf dem Werkzeugbrett fest.

MATERIALLISTE

- Sperrholz- oder MDF Platte (4-5 mm dick)
- Holzlack
- Hammer
- Nägel

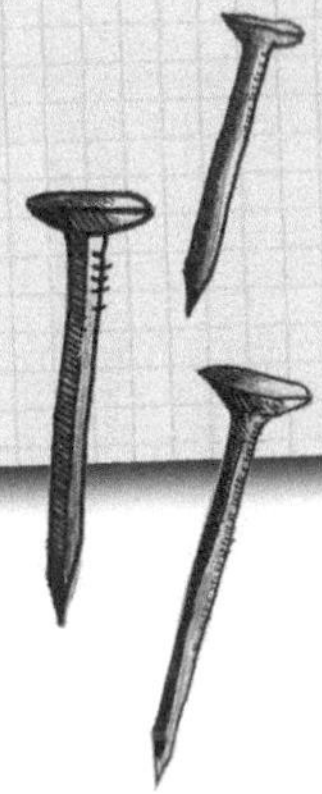

Zuerst jedoch legen Sie das lackierte Brett auf die Werkbank oder den Arbeitstisch und überlegen sich die Aufteilung. Wo soll welche Werkzeuggruppe hängen? Für die Sätze von Schraubendrehern und Maulschlüsseln gibt es vorgefertigte Halterungen, deren Anschaffung sinnvoll ist. Die Halterungen schrauben Sie einfach an dem gewünschten Platz auf dem Werkzeugbrett fest. Auf diese Weise bleiben Werkzeugsätze zusammen und nach Größe sortiert an einer Stelle. Die seltener benötigten Werkzeuge sollten eher oben hängen, die gängigsten sollten schnell zu greifen sein.

Für Ihre ‚Hammersammlung' ziehen Sie mit einem Bleistift eine dünne, waagerechte Linie und legen sich die Hämmer in gewünschter Reihenfolge und Formation auf das Brett. Wer die Hämmer lieber versetzt anbringen möchte, um Platz zu sparen, sollte sich zusätzlich dünne Hilfslinien ziehen. Nun schlagen Sie für jeden Hammer zwei Nägel auf die Linie, zwischen denen das Werkzeug aufgehängt wird. Der Nagelabstand kann – je nach Werkzeug und Griff – ganz unterschiedlich ausfallen. Deshalb ist das Auslegen der Werkzeuge in der gewünschten Form empfehlenswert.

Für einige Werkzeuge reicht ein einzelner Nagel, um diese am Werkzeugbrett aufzuhängen. Andere brauchen vielleicht drei Nägel, um an Ort und Stelle zu bleiben. Ihrer Kreativität sind auch hier keine Grenzen gesetzt. Das Brett können Sie mit zwei bis vier Schrauben mit Dübeln an der Wand befestigen.

PFLEGETIPPS

HANDGERÄTE

Gartengeräte sollten stets einsatzbereit und schnell zugänglich gehalten werden. Für Gartengeräte ist es deshalb wichtig, dass Sie diese nach jedem Gebrauch mit einem feuchten Tuch abwischen und nur gereinigt wieder wegräumen.

METALLTEILE

Sobald der Winter naht, sollten Sie das Metall an Spaten, Schaufeln, Grabegabeln, Harken und Hacken überprüft und gründlicher gereinigt werden. Feste Rückstände und leichter Rostansatz können mit einer Drahtbürste, etwas Stahlwolle oder auch Schmirgelpapier entfernt werden. Die Überreste wischen Sie mit einem weichen Tuch und etwas Seifenlauge ab. Bei Bedarf behandeln Sie das Metall auch noch mit einem rosthemmenden Mittel. Zum Schluss reiben Sie alle Metallteile gründlich mit Öl ein und lagern die Geräte in einem trockenen Raum.

STIELE

Überprüfen Sie auch die Stiele der Gartengeräte. Sie können Risse aufweisen oder raue Stellen bekommen haben. Beugen Sie Verletzungen im nächsten Gartenjahr vor und glätten Sie die Stiele wieder, indem Sie sie mit etwas Schmirgelpapier abschleifen. Das Holz ist dadurch nun feinporig angeraut und sehr dankbar für die Holzpflege mit einer Mischung aus Leinöl und Terpentin-Ersatz. Letzterer sorgt dafür, dass das Leinöl tiefer ins Holz eindringen kann. Das Leinöl selbst macht das Holz griffiger und witterungsbeständiger und erzeugt nebenbei eine wunderschöne glatte Oberfläche.

GARTENMESSER

Die Gartenmesser werden im Laufe eines Gartenjahres schnell stumpf. Die Winterzeit eignet sich gut, um sie in aller Ruhe zu schleifen. Empfehlenswert ist ein Schleifstein, den man vor dem Schleifen ungefähr gut zwei Stunden in einem Wasserbad einweichen muss. Diese Schleifsteine haben oft zwei unterschiedliche Seiten mit verschiedenen Körnungen. Die 1000-er Körnung eignet sich für Gartenmesser. Schleifen Sie in Ruhe und mit Geduld und über mehrere Minuten, um wirklich scharfe Klingen zu erhalten.

GARTENSCHEREN – HANDGERÄTE

Auch alle Gartenscheren, Rosenscheren, Heckenscheren, Astscheren und Blattscheren brauchen Pflege. Schrauben Sie die Scheren auseinander und reinigen Sie die Teile zunächst gründlich. Etwas feuchte Stahlwolle erleichtert die Reinigung der Scherenblätter. Im nächsten Arbeitsgang schleifen Sie mit einer Metallfeile (300-er Körnung) die Scherenblätter in einem Winkel von circa 25° an. Arbeiten Sie langsam und wiederholen Sie diesen Schritt – je nach Verschleiß der Scherenblätter – ungefähr 20 bis 30 Mal. Eine Diamantfeile (600-er Körnung) sorgt im zweiten Arbeitsgang für den Feinschliff.

Haben die Scherenblätter bereits derart tiefe Riefen, dass das Schleifen keine sichtbare Besserung brachte, hilft nur ein Austausch der Scherenblätter. Gleiches gilt für die Feder in der Rosenschere. Beides ist online und im Handel erhältlich. Beim Zusammenbau der Scheren hält ein Tropfen Öl die Feder der Rosenschere, aber auch die Beweglichkeit aller anderen Gartenscheren aktiv und schützt das Metall.

MOTORBETRIEBENE GARTENGERÄTE

Gartengeräte wie der Rasenmäher, die Heckenschere oder auch der Vertikutierer sind in der Regel motorbetrieben und laufen entweder mit Benzin oder mit Strom. Wie alle Motoren brauchen auch diese viel Pflege, regelmäßige Wartung und müssen winterfest gemacht werden. Wir zeigen Ihnen, wie. Der Rasenmäher sollte an seiner Unterseite nach jedem Mähen zuerst mit einem Spachtel von Schmutz und Schnittresten befreit werden. Anschließend reinigen Sie ihn mit etwas Wasser und einer Bürste oder einem Topfschwamm.

Beim Elektrorasenmäher wird in der Regel sofort nach dem Mähen das Kabel entfernt und aufgerollt. Jeder Rasenmäher sollte an seiner Unterseite nach jedem Mähen zuerst mit einem Holzspachtel von Schmutz und Schnittresten befreit werden. Anschließend reinigen Sie ihn mit etwas Wasser und einer Bürste oder einem Topfschwamm. Wenn die Messer des Rasenmähers stumpf geworden sind, lassen sich diese an der Mittelschraube schnell lösen und abnehmen. Sie können versuchen, sie selbst an einem Schleifstein zu schärfen. Das gelingt recht gut, wenn Sie Ihren Rasenmäher regelmäßig pflegen. Andernfalls können Sie die Messer auch online oder im Fachhandel nachkaufen und problemlos austauschen. Das Kabel sollte abgetrennt vom Mäher und wie dieser trocken und frostfrei gelagert werden. Das schont das Material. Wenn der Elektromotor im Laufe der Zeit Probleme macht, kann dies von einem erfahrenen Heimwerker eventuell behoben werden. Für alle, die dies nicht können, lohnt sich die Reparatur in einer Fachwerkstatt oftmals nicht. Lassen Sie den Schaden dennoch begutachten und schätzen, bevor Sie vorschnell zu viel Geld ausgeben.

Rasenmäher mit Benzinmotor sollten – wie alle im Winter nicht genutzte benzinbetriebene Geräte – vollkommen entleert werden. Das Benzin kann in einem Kanister überwintern. Benzinreste nehmen fusselfreie Tücher sehr gut auf. Diese können anschließend mit dem Hausmüll entsorgt werden. Zum Abschluss den Rasenmäher noch einmal anwerfen und laufen lassen, bis er ausgeht, weil er kein Benzin mehr ansaugen kann. Nun entfernen Sie die Zündkerzen und gießen Sie etwas Motoröl in den Zylinder, solange der Motor noch nachdreht. Auf diese Weise verteilt sich das Öl und Sie können die Zündkerzen wieder eindrehen. Decken Sie all Ihre motorbetriebenen Geräte zum Schutz vor Staub und Feuchtigkeit gut ab und nutzen Sie die Schutzhüllen für Ihre Kettensäge, die Heckenschere und alle anderen Elektrogeräte. Zum Überwintern bringen Sie alle Geräte an einen frostsicheren Platz.

WERKZEUGE

Gärtner sind oft auch handwerklich sehr aktiv. Das gilt für die Profis ebenso wie für die Hobbygärtner. Jeder Gartenliebhaber beginnt irgendwann damit, seinen Garten beispielsweise mit Rankgerüsten, selbst gebauten Nistkästen oder Gartenzäunen zu verbessern und verschönern. Dafür brauchen Sie eine Werkzeugecke – idealerweise mit einer kleinen Werkbank oder einem Tisch für die Arbeiten. Das Werkzeug haben Sie anfangs vermutlich in einer Schublade oder in einer Werkzeugkiste. Dieses ‚Ordnungssystem' wird Ihnen alsbald auf die Nerven gehen. Dazu etwas weiter unten gleich mehr. Zunächst aber sollten Sie Ihre Werkzeuge ebenso pflegen wie die Gartengeräte.

WERKZEUGPFLEGE

Überprüfen Sie regelmäßig die Sägeblätter an allen Sägen und wenn Sie sicher sind, dass Sie die Säge im Winter nicht nutzen werden, lösen Sie die Sägeblätter heraus. Fetten Sie die Schrauben etwas nach und behandeln Sie die Sägeblätter mit etwas Rostschutz. Beschädigte Sägeblätter, die vielleicht kleine Risse aufweisen oder abgebrochene Sägezähne, sollten Sie entsorgen und diese Größe nachkaufen. Abschließend lagern Sie die Sägeblätter in einer Hülle an einem sicheren und vor der Witterung geschützten Ort, sodass sie nicht in Kinderhände gelangen können.

Bei allen Werkzeugen mit Holzgriffen überprüfen Sie, ob die Verbindung zum Metall noch fest ist. Gerade in den Übergangszeiten in Frühling und Herbst kann die Luftfeuchtigkeit das Holz beeinflussen. Pflegen Sie die Holzteile, indem Sie das Holz gegebenenfalls wieder glatt schmirgeln und Risse oder Riefen mit spezieller Holzspachtelmasse ausbessern. Eventuell überalterte Holzgriffe für Hammer und andere Werkzeuge können Sie nachkaufen – ebenso wie alle Stiele für Gartengeräte, Besen und Schrubber im Handel und auch online nachgekauft werden können.

EIN TIPP FÜR HEIMWERKER IM WINTER

Elektrowerkzeuge werden oft in einer Werkstatt oder Garage aufbewahrt, wo es frostfrei, aber dennoch kalt ist. Wer im Winter werkeln möchte, sollte daran denken, die Geräte nicht sofort auf höchster Leistungsstufe einzuschalten – selbst wenn es dringend ist und schnell gehen muss. Auch ein Elektromotor braucht einen Moment, um warm zu werden und wie geschmiert zu laufen.

FERTIGE PROJEKTE RICHTIG PFLEGEN

Um all die schönen, selbst gebauten Dinge für den Wohlfühlgarten lange genießen zu können, brauchen auch diese Dinge Pflege. Wir können keine Garantien für Dauerhaftigkeit geben, aber Sie können durch die Reinigung und Pflege der verwendeten Materialien die Lebenszeit oder Haltbarkeit der gebauten Projekte verlängern.

DIE MATERIALIEN

Unsere Do-it-yourself-Projekte bestehen aus Holz, Kies und Steinen, Beton und unterschiedlichen Dekomaterialien sowie aus Metall.

HOLZPFLEGE

Nicht jedes Holz eignet sich wirklich für den Außenbereich, dennoch verwenden wir oft die sogenannten Weichhölzer wie beispielsweise Kiefer-, Fichten- oder auch Ahornholz. Sinnvoller wären die witterungsbeständigen Holzarten wie Teak, Lärche und Douglasie. Leider sind diese aufgrund ihrer Eigenschaften sehr gefragt und damit teuer. Deshalb hier einige Pflegetipps.

In Feuchtigkeitsbereichen ist ein Hartwachsöl für die Holzpflege zu empfehlen. Sie kennen dies beispielsweise für Küchenarbeitsplatten aus unbehandeltem Holz oder auch für Holzmöbel oder -zubehör im Badezimmer. Da das Hartwachsöl das Aufquellen des Holzes größtenteils verhindert, ist es beispielsweise auch für den Pflanztisch, die Kompostkiste und andere Projekte aus Holz geeignet, da diese ebenfalls der Luftfeuchtigkeit oder auch dem Regen ausgesetzt sind. Sie erhalten das Hartwachsöl farblos oder in einigen Holz-Farbtönen. Achten Sie darauf, dass es für den Außenbereich geeignet ist. Ob Sie es lieber glänzend oder matt mögen, ist reine Geschmackssache.

Daneben gibt es noch diverse andere Holzschutzmittel oder auch Wetterschutzfarbe, mit denen Sie das Holz schützen können. Bedenken Sie, dass Sie bei der Wetterschutzfarbe zuvor Vorstreichfarbe auftragen, auch wenn das Holz neu ist. Bei bereits verwittertem Holz sollten Sie dieses sogar zuerst leicht abschleifen oder abschmirgeln und dann vorstreichen, bevor die Wetterschutzfarbe aufgetragen wird. Dies gilt auch für andere Holzschutzmittel wie die Holzschutzlasur. Bevor Sie diese auf unbehandeltes und bereits leicht verwittertes Holz auftragen, sollten Sie einen sogenannten Holz-Imprägniergrund auftragen. Dieser wirkt gegen bestimmte Pilze, die sich immer in Holz ansammeln und verschließt tiefere Poren im Holz. Dadurch gelingt ein gleichmäßiger Anstrich mit der Holzschutzlasur.

HOLZREINIGUNG

Überprüfen Sie in jedem Herbst den Zustand Ihrer Pflanzen und sämtlicher Zäune und Gebäude wie Schuppen, Sandkästen, Schaukelgerüste, Hochbeete, Pflanzkästen und Kompostkisten. Die Wintermonate bieten viel Zeit für Reparaturen und Reinigung. Die Dinge, die Sie im Schuppen bearbeiten können, sollten Sie gleich hereinholen.

Alle anderen Dinge aus Holz reinigen Sie am besten erst im Frühjahr mit einem Schwamm und warmem Wasser und wischen mit einem trockenen Lappen nach. Der Dreck von der Straße oder aus geschmolzenem Schnee muss runter vom Holz. Sobald ein paar warme Tage das Holz getrocknet haben, können Sie frischen Holzschutz auftragen.

Eine Besonderheit sind die Palettenbeete. Vom Fachmann gebaute Hochbeete bestehen in der Regel aus einem der bereits genannten Hölzer, die für den Außenbereich geeignet sind. In der Regel müssen Sie diese gar nicht weiter schützen. Eine Reinigung vertragen die meisten dennoch. Die Palettenrahmen hingegen bestehen aus weichem Holz. Sie müssen in jedem Jahr einmal überprüft werden. Gegebenenfalls muss das Holz neu geschützt oder der betroffene Rahmen ausgetauscht werden.
Dafür müssen Sie die Rahmen abnehmen und gut durchtrocknen lassen, bevor Sie sie erst den Holz-Imprägniergrund und dann die Holzschutzlasur auftragen. Wir wussten dies bei unseren ersten Palettenbeeten nicht und hatten uns auf die Angabe verlassen, dass eine Behandlung nicht notwendig sein. Dem ist leider nicht so, deshalb unsere Empfehlung an Sie.

METALLREINIGUNG

Zur Reinigung und Pflege der Gartengeräte haben wir bereits einige Tipps gegeben. Dennoch gibt es weitere Gegenstände oder Zubehör aus Metall, das noch keine Erwähnung fand. So beispielsweise die Scharniere Ihrer Gartenpforten, der Schuppentüren, die Metallecken der Palettenrahmen, die Schlösser an dem Einfahrtstor und der Gartentür, Metallzäune sowie zum Beispiel Rank- und Pflanzhilfen aus Metall oder die Arbeitsfläche eines Pflanztisches. Das Metall reinigen Sie am besten mit einem weichen Lappen und etwas Öl. Rostige Stellen entfernen Sie vorsichtig mit etwas feinem Schmirgelpapier, bevor Sie neuen Lack auftragen. Auch hier verwenden Sie am besten zuerst eine Vorstreichfarbe.

Ein Mittel, das uns schon oft bei Problemen mit Metall geholfen hat, ist ein Spray, das ursprünglich aus den U. S. A. kommt. Es handelt sich um ein Kriechöl, das sowohl als Schmierstoff und Reiniger als auch als Korrosionsschutz und Kontaktspray Verwendung findet. Sie kennen dieses WD-40-Spray bestimmt schon. Damit bewegen sich eingerostete Schlösser und Scharniere innerhalb weniger Minuten wieder und es wirkt ebenso bei der Achse einer Schubkarre oder bei schwergängigen Schiebetoren wie beispielsweise Scheunen- und Einfahrtstore.

DIE PFLEGE DER TRITTSTUFEN UND SELBST GEGOSSENEN TRITTSTEINE

Die selbst gebauten Trittsteine haben bei aller Mühe natürlich nicht die Qualität der industriellen Trittplatten. Aus Letzteren werden mit verschiedenen Vorgängen auch wirklich die letzten Luftbläschen herausgepresst, sodass sie über mehrere Jahre jede Witterung aushalten. Zudem werden sie versiegelt. Dadurch haben auch Algen und Moos lange Zeit keine Chance, sich an ihrer Oberfläche festzusetzen. Sobald diese Trittsteine Moos ansetzen, sollten Sie sie abbürsten, vielleicht mit einer Drahtbürste. Alle chemischen Mittel und das sogenannte ‚Abkärchern' sind nicht empfehlenswert. Sie zerstören die Versiegelung, sodass die Ablagerungen von Jahr zu Jahr mehr werden.

Unsere selbst gebauten Trittsteine werden bei entsprechender Witterung nicht viele Winter durchhalten. Dafür sind sie aber günstiger, dekorativer und viel schneller neu gemacht. Wenn Sie sie besonders schützen möchten, können Sie die verzierten Trittsteine, die ja nicht besonders groß sind, im Spätherbst einsammeln und im Schuppen stapeln. Das auf den Trittsteinen eingesetzte Dekomaterial könnten Sie beispielsweise mit einer Schicht aus Kunstharz schützen. Wir können aber leider nicht garantieren, dass die Verbindung zwischen Kunstharz und Beton lange hält.

Für Trittstufen haben wir Ihnen ein paar Anleitungen gegeben. Einige davon sind mit Erde oder Kies aufgefüllt und haben einen Naturholzbalken als Abgrenzung. Das Holz des Balkens müssen Sie zu Ihrer eigenen Sicherheit regelmäßig überprüfen und gegebenenfalls ausbessern oder den Balken austauschen. Andernfalls kann so ein Balken unerwartet wegbrechen und Sie stürzen. Auch dieses Holz muss natürlich regelmäßig mit Holzschutz vor Verwitterung geschützt werden, doch das befreit Sie nicht von der Stabilitätskontrolle. Vor allem sorgen Regen und die regelmäßige Benutzung dafür, dass die Erde oder der Kies auf den Stufen weggewaschen wird oder stark verdichtet. Füllen Sie deshalb regelmäßig das jeweilige Material auf, damit die Stufen stets sicher begehbar und auch ansehnlich bleiben.

KIES AUF STUFEN UND WEGEN

Auch der Kies möchte gepflegt werden. Je heller die Steine sind, umso eher werden Ihnen der Schmutz und die ansetzenden Algen auffallen. Die Steine werden grau-grün und sehen einfach nicht mehr schön aus. Hier helfen entweder regelmäßiges und mühsames Waschen und Schrubben aller Steine – oder ein kompletter Austausch, wenn es Ihnen zu verwittert aussieht.

Bitte beachten Sie, dass auch Kieselwege durch die Verwitterung und Algenbildung bei Regen und Schnee rutschig werden können. Einige Gartenbesitzer bevorzugen deshalb kleine Kieselsteine für Wege und Stufen.

MAUERWERK SCHONEN UND PFLEGEN

Alte Mauern können – je nachdem, mit welchen Steinen sie gemauert wurden – wunderschön aussehen. Ihnen setzen meistens stark rankende Pflanzen wie der Efeu zu. Entfernen Sie ihn vom Mauerwerk, denn er kann Ihre Mauer zerstören. Mit einem Rankgitter vor der Mauer können zum Beispiel die Blüten der Klematis (Weinrebe) oder ähnlich zarte Kletterpflanzen ranken und die Mauer bleibt verschont.
Moos-, Straßendreck und Algenbildung gehören auch bei den Mauern zu den größten Problemen. Um einer alten Mauer trotzdem ihren Charme zu lassen, sollten Sie sie vorsichtig mit einem Tuch und warmem Wasser reinigen. Hartnäckige Belege bekommen Sie mit einer Schrubberbürste ab. Gegen das Moos hilft nur das Abkratzen mit einem Spachtel.

Von einer Imprägnierung einer Mauer raten Handwerker und die Fachliteratur bei Natur- und Ziegelsteinen ab – ganz besonders bei altem Mauerwerk oder bei Gartenwegen, die mit diesen Steinen gepflastert wurden. Ziegel- und Natursteine haben Poren, sodass sie Wasser und andere Flüssigkeiten aufnehmen. Dies täten sie auch bei einer Imprägnierung. Die Imprägnierung bliebe also nicht an der Oberfläche und verschlösse die Poren, sondern würde durch die chemische Zusammensetzung den Stein von innen zerstören. Deshalb raten natürlich auch wir davon ab. Wir finden diese Mauern haben schon viele Jahrzehnte ohne Imprägnierung überstanden und sehen trotzdem wunderschön aus.

IMPRESSUM

ISBN 978-3-00-068271-1

Autor wird vertreten durch:

SanApta Verlag
Moritz Noder
Bliggergasse 5
69239 Neckarsteinach

Covergestaltung und Konzept: Denise Gahn
Alle Illustrationen angefertigt von: Denise Gahn
Kontakt: denisegahn@gmx.de · denisegahn.com

Jahr der Veröffentlichung: 2021

Verantwortlich für den Druck:
Libri Plureos GmbH, Friedensallee 273, 22763 Hamburg

Sie haben Fragen, Kritik oder Anregungen?

Senden Sie uns gerne Ihr Feedback an **info@das-schlauebuch.de**
Nur so können wir uns und unser Buch stetig weiterentwickeln.